감자탕

육개장

김치찌개

게찌개

머 리 말

　사람은 입맛과 기호에 맞도록 요리한 식탁을 마주
대할 때 커다란 행복감을 느끼게 됩니다. 한 가정의
풍요로운 식생활은 그 가족의 건강과 행복의 샘인 것
입니다.

　오랜 동안 우리의 음식문화 패턴은 사회 · 경제적인
변화로 부터 영향을 받아 매우 다양하고 복합적인 면
으로 변천해 왔습니다.

　음식은 사람이 이 땅에 태어나면서 부터 먹기 시작
한 것입니다. 건강을 유지하기 위한 식생활의 기본은
사람몸에 필요한 영양소를 섭취하는 데 있습니다. 영
양소의 3대 요소인 당질 · 단백질 · 지방 뿐만 아니라
신체 기능을 원활히 해주는 비타민 · 미네랄 등도 균
형 있게 섭취해야 합니다.

　육류는 지방 · 단백질의 공급원으로 우수한 식품이
지만 동물성 지방의 경우 고혈압 등의 성인병에는 피
하는 것이 좋고 생선은 소화 흡수율이 육류보다 높을
뿐만 아니라 양질의 단백질을 함유하고 있으며 야채
는 몸의 조직과 기능을 원활히 해 주는 비타민의 주요
공급원입니다.

오늘날 식생활 패턴이 다양해짐에 따라 맛을 그대로 즐길 수 있는 외국요리와 한국 전통 요리의 진수를 총망라하는 체계적인 요리책이 절실히 요구되고 있습니다.

이러한 시대 요청에 따라 이론과 실제를 겸비한 실용적인 "한국 요리 백과"를 내 놓는 바입니다.

이 책이 여러 가정의 식생활 설계에 활용되어 건강이 보장되고 가정에 알찬 보람과 행복이 깃들이기를 바라마지 않습니다.

엮은이 임 상 호

▣ 한국요리백과 · 차례 ▣

한국 요리

10

평양 요리(북한 요리)

서양 요리

14

살림의 지혜

한국 요리

한국음식과 궁중음식은 아주 다른 것이 아니므로 떼어서 생각할 수는 없는 것이지만 특히 이름 지어 궁중음식이라 함은 5천년의 역사 속에 이어져 내려 온 우리 나라 고유의 음식이 궁중이라는 우리 나라 최상급의 장소에서 더욱 잘 다듬어지고 보완된 순수한 우리 음식이기 때문이다.

요사이에는 우리 식생활에도 외국의 간단한 인스턴트 식품이 많이 이용되고 있다. 그러나 우리 고유의 전통 음식의 조리법도 알아두어 최소한 명절 때만이라도 이러한 음식들을 만들어 가족들과 함께 즐기고, 또 그 만드는 법도 자손들에게 계승해 주어야 되겠다. 그럼에도 불구하고 근래 점점 외국풍에 젖어서 내가 가지고 있는 좋은 것도 무조건 버리는 풍조는 좋지 않은 사상이라고 본다. 옛날처럼 가정에서 잘 가르쳐 주지 못하면 아마 50년 후에는 전통있는 음식은 이름만 알고 만드는 법을 모르게 될 것 같다.

수 라

흰수라

■ 재 료(2인분)

쌀 ····················· 5컵(7백 g)   물 ····················· 6.5컵

● 만드는 법

① 쌀을 서너 번 씻어서 조리로 잘 일어 돌을 고른 다음 밥물을 정한다.

② 밥물은 보통 쌀 1에 대해서 물 1.2의 비율로 하나, 햅쌀인 경우에는 물의 분량을 이보다 적게 하고, 마른 쌀인 경우는 이보다 조금 물을 넉넉하게 잡는다.

③ 먼저 정해 놓은 밥물을 끓이고, 밥물이 막 끓을 때에 일어 놓은 쌀을 넣는다.

④ 다 끓으면 불을 약하게 하고 뜸을 들이는데, 이 시간은 약 20분에서 30분 사이이다.

○ 참 고

궁중에서는 참숯을 피워 넣은 화로에 곱돌솥을 얹어 밥을 지었다고 하는데, 이 솥은 바닥이 두껍고 뚜껑이 무거워서 밥의 뜸이 잘 들여진다고 한다.

오곡수라

■ 재 료

쌀	5컵	팥	반 컵
수수	반 컵	찹쌀	1컵
콩	반 컵	소금	2큰술
차조	반 컵	밥물	7컵

● 만드는 법

① 우선 콩은 물에 불려 놓고 팥은 삶아 놓는다.

② 수수와 차조와 찹쌀은 깨끗이 씻어 조리로 일어 놓는다.

③ 쌀에다가 미리 불려 놓은 콩과 삶은 팥·수수·찹쌀을 섞고 팥 삶은 물을 밥물로 해서 밥을 짓는다.

④ 밥이 끓기 시작하면 차조를 위에 얹고 뜸을 푹 들이고, 밥을 풀 때 같이 섞어서 푼다.

○ 참 고

오곡수라는 흰수라를 지을 때보다 물의 분량을 조금 적게 한다.

팥수라

■ 재 료

쌀	5컵	물	6.5컵
팥	1컵		

● 만드는 법

푸른 팥을 맷돌에 둘둘 타서 쌀과 함께 씻어서 조리로 일어 놓고 밥물을 먼저 끓이다가 쌀을 넣고 끓인다. 거진 다 끓은 다음에는 불을 약하게 하여 뜸을 들인다.

궁중에서 짓는 팥수라는 붉은 통팥을 삶아 건지고 이 팥 삶은 물로 밥물을 부어서 밥을 지어 놓으면 팥물이 곱게 들어 보기 좋다. 임금님 수라상에는 흰수라와 팥수라의 두 가지 수라를 함께 올렸다.

흰수라에는 곽탕(미역국), 팥수라에는 곰탕이 따라 오른다.

비빔밥

■ 재 료(5인분)

쌀	3컵	쇠고기	200g
오이	1개	생선	100g
숙주	200g	표고	조금
호박	반 개	튀각	조금

20

도라지 ······························· 100g   각종 양념 ························· 조금

● 만드는 법

① 밥은 고슬고슬하게 지어 놓고 쇠고기는 잘게 썰어 양념하여 볶는다.

② 호박은 채로 썰고, 오이는 반달 모양으로 썰어 소금에 슬쩍 절인다.

③ 표고는 체로 썰어 놓고 도라지는 삶아 놓는다.

④ 생선은 전유어를 붙인다.

⑤ 오이와 호박, 도라지와 표고는 각각 볶아놓는다.

⑥ ②부터 ④까지의 재료들을 밥에다 함께 비벼서 간을 맞추고 생선 전유어와 튀각은 위에다 모양있게 얹는다.

죽

죽이나 미음·응이 같은 낮것(점심)이나 초조반(조
반; 아침밥 전에 조금 먹는 음식), 간식으로 진선하는
것인데, 죽상에는 묽은 장·소금·청밀(꿀)을 종지에
담고, 국물이 있고 맵지 않은 김치와 젓국·조치·포
또는 암치를 한 상에 차린다. 죽이나 미음 그릇 외에
빈 그릇(공기)을 놓아 두면 덜어서 드는 데 좋다.

잣 죽

■ 재 료(5인분)

잣	2컵	소금	약간
쌀	2컵	설탕	약간
물	10컵		

● 만드는 법

① 쌀을 씻어 물에 불린 다음 곱게 갈아 겹체로 걸러 놓는다.

② 잣은 속껍질까지 말끔히 벗겨서 곱게 갈아 놓는다.

③ 물을 한바탕 끓인 후 준비된 잣과 쌀을 넣고 나무주걱으로 저어 가면서 끓인다.

④ 죽이 다 되면 소금으로 간을 맞춘다. 이때 소금 대신 구미에 따라 꿀이나 설탕을 조금 넣어도 된다.

흑임자죽(검은깨죽)

■ 재 료

검은깨	600g(5컵)	소금	죽의 1%
쌀	400g(2.5컵)	설탕	약간
물	쌀의 5배		

● 만드는 법

① 검은깨나 흰깨를 씻어 일어 가지고 실깨로 만든다. 그 방법은 절구에 넣고 껍질이 벗겨질 정도로 살짝살짝 삐쳐 찧어서 번철에 놓아 말린 다음 껍질을 키로 까불어 버리고 다시 타지 않을 정도로 볶는다. 고운 풀매에 갈아서 체에 받쳐 가라앉힌다.

② 쌀도 씻어 불려서 풀매에 곱게 갈아 체에 받쳐 가라앉힌다.

③ 깨물을 솥에 붓고 끓인 후에 깨앙금을 넣어 끓이다가 갈아 놓은 쌀을 조금씩 넣고 죽을 쑨다. 물의 분량은 풀매에 갈 때 주어지는 물이 뜻대로 안 되어 많아지기도 하고 되게 갈아지기도 하니 도중에 알맞게

24

물의 분량을 약 5배 가량으로 조절하면서 먹기 좋은 농도로 알맞게 쑤어야 한다.

④ 소금으로 간을 맞추기도 하고 나중에 식성에 따라서 설탕을 각각 넣어서 먹도록 해도 좋다.

⑤ 깨와 쌀을 같이 갈면 삭기 쉬우므로 따로 간다.

호도죽 · 낙화생죽

■ 재 료

쌀 ················· 2/3컵   물 ················· 3컵

호도나 낙화생 ········ 1컵   소금 ················· 약간

● 만드는 법

① 호도나 낙화생은 물에 불려서 껍질을 벗기고 물을 타서 갈아 체에 걸러 놓는다.

② 쌀은 씻어 물에 불려 가지고 갈아서 체에 거른다.

③ 호도물을 솥에 넣고 끓이다가 중간에 갈아 놓은 쌀을 넣고 눋지 않게 잘 저으면서 끓인다.

④ 다 된 후에 소금으로 간을 맞춘다.

장국죽

■ 재 료(5인분)

쌀 ················· 2컵   참기름 ················· 2큰술

쇠고기	200g	표고	20g
물	10컵	고기양념장	1큰술
조선간장	1찻술		

● 만드는 법

① 고기는 곱게 다지고 표고는 채로 썰어 양념장에 재어 놓는다.

② 쌀은 씻어서 물에 불렸다가 반을 덜어 참기름을 넣고 풀매에 갈아 체로 거른다.

③ 남겨 놓은 쌀에 물을 붓고 쌀알이 퍼지도록 끓인다.

④ 쌀이 끓으면 양념장에 재어 놓은 고기를 납작납작하게 반대기를 지어 얹는다.

⑤ 고기가 다 익으면 갈아 놓은 쌀을 부어서 끓이고 조선 간장으로 간을 맞춘다.

타락죽

■ 재 료(5인분)

쌀	160g(1컵)	우유	4컵
물	1컵	소금 · 설탕	약간

● 만드는 법

① 쌀을 씻어 불려서 풀매에 곱게 갈아 솥에 붓고 끓이다가 우유를 넣고 눈지 않도록 저으며 끓인다. 중

탕으로 하면 더욱 좋다.

② 소금이나 설탕으로 간을 맞춘다.

팥 죽

■ 재 료(5인분)

붉은팥	5컵	찹쌀가루	3컵
쌀	5컵	소금	조금
물	50컵		

● 만드는 법

① 팥은 물을 많이 넣고 팥이 터질 정도로 푹 삶은 후, 주걱으로 팥을 으깨 가면서 체로 걸러 놓는데, 이 때 물의 분량은 팥과 쌀을 합한 분량의 10배로 한다.

② 체에 남겨진 팥껍질은 쪽 짜서 버리고, 거른 팥은 가라앉히고 그 웃물을 따라 끓인다.

③ 물이 끓으면 쌀을 넣고 30분 이상, 쌀이 다 퍼지도록 끓인다.

④ 쌀이 푹 퍼지면 팥앙금을 넣고 나무 주걱으로 솥 밑을 살살 긁는 것처럼 저으면서 쌀과 팥이 어우러지도록 끓인다.

⑤ 팥죽이 끓는 동안 준비한 찹쌀 가루를 끓는 물로 반죽해서 새알만큼씩 빚어 끓는 죽에 넣고 다시 한 번 끓이는데, 이 찹쌀로 빚은 것을 새알심 혹은 봉심이라

고 한다.

⑥ 죽을 쑬 때 솥뚜껑을 덮고 쑤면 죽이 넘거나 솥 밑에서 눈는 것을 모르는 일이 있으니 반드시 큰 나무 주걱으로 솥 밑을 살살 긁는 것처럼 저으면서 쑤어야 한다. 탄내가 나거나 솥 가장자리가 지저분하게 넘쳐 나지 말아야 한다.

콩 죽

■ **재 료**(5인분)

콩	5컵	물	콩과 쌀의 5배
쌀	3컵	소금	약간

● **만드는 법**

① 쌀은 씻어 일어 물에 불려 놓는다.

② 콩은 물에 불렸다가 살짝 삶아 건져 손으로 대껴 껍질을 벗긴 후 물을 부어 가며 곱게 간다.

③ 다 갈은 콩은 한참 가라앉혀서 윗물을 넣고 쌀을 끓인다.

④ 쌀이 다 퍼지면 가라앉은 콩을 넣고 주걱으로 저어 가며 끓인다.

⑤ 소금으로 간을 맞춘다.

홍합죽

■ 재 료

말린 홍합	10개	멥쌀	1컵
물	5~6컵	묽은 장	약간

● 만드는 법

① 쌀 한 컵을 물에 불려 건진다.

② 말린 홍합 10개를 물에 흠씬 불려서 손질한다. 이것을 간장 양념으로 무쳐서 쌀과 같이 솥에 붓고 물 5~6컵을 두세 번에 나누어 붓고 약한 불에 넘기지 말고 죽을 쑨다.

묽은 장으로 간을 심심하게 맞추어 합에 푼다. 먹을 때 모자라는 간은 진간장을 치면 더 맛이 있다.

미 음

미음은 죽보다 더 묽게 끓여 체에 받친 것으로 건강한 사람의 별식으로 하기도 하지만 대부분 환자용이나 식욕이 없는 사람에게 식욕을 돋구게 하는 음식이다.

삼합미음

■ 재 료(3인분)

말린 해삼 ················ 3개	찹쌀 ················· 반 컵
홍합 ················· 5개	조선간장 ············· 약간
쇠고기(우둔살) ········· 200g	

● 만드는 법

① 해삼과 홍합은 물에 잘 불려 깨끗이 손질한다.

② 쇠고기는 네 덩어리로 썬다.

③ 손질한 홍합과 해삼, 쇠고기를 물 8컵을 붓고 약한 불로 끓인다.

④ 물이 2컵 정도 줄면 찹쌀 반 컵을 넣고 물이 4컵

정도 남을 때까지 끓인다.

⑤ 다 끓인 후에는 체에 받쳐서 그릇에 담고 조선간장으로 간을 맞춘다.

속미음(차조미음)

■ 재 료(5인분)

차조(혹은 찹쌀)	1컵	인삼	2뿌리
대추	20개	물	10컵
황률	20개	소금	약간

● 만드는 법

① 모든 재료들을 잘 씻어서 물을 붓고 40분쯤 푹 삶는다.

② 쌀이 퍼져 7컵쯤 되면 고운 체로 거르고 소금으로 간을 맞추어 마신다.

찹쌀과 차조는 반씩 섞어도 좋다.

조미음

■ 재 료

메조	1컵	설탕	조금
쌀	1컵	생강즙	조금
물	메조와 쌀의 9~10배	소금	조금

● 만드는 법

　조와 쌀을 씻어서 물을 넉넉히 붓고 끓여 체에 걸러서 소금으로 간을 맞춘다. 식기 전에 설탕과 생강즙을 타서 먹도록 한다.

응　이

갈분응이

■ 재　료(5인분)

갈분(녹말)	10g	오미자 국물	반 컵
식홍	조금	물	반 컵

● 만드는 법

　① 갈분을 물 2～3배로 타서 풀어 놓는다.

　② 냄비에 오미자 국물이나 물에 식홍을 조금 타서 연분홍물을 만들어 놓는다.

　③ 물을 끓이다가 갈분 푼 것을 빨리 저으면서 멍울이 지지 않게 물에 섞어 끓인다.

　④ 먹을 때 소금이나 설탕을 넣는다.

율무응이

■ 재 료(5인분)

율무 가루 ························ 1큰술　설탕 ································· 1큰술
물 ······························· 반 컵

● 만드는 법

① 율무는 껍질을 벗긴 다음 물에 불려 맷돌에 갈아 앙금을 앉힌다.

② 물에 설탕을 넣고 팔팔 끓을 때에 율무 앙금을 넣고 잘 저어 가며 끓인다.

③ 마실 때는 소금을 넣어 마신다.

녹말응이

■ 재 료(5인분)

녹말가루 ······················· 1컵　설탕 ······························· 약간
오미자 국물(식홍) ············ 약간　소금 ······························· 약간

● 만드는 법

물에 설탕을 타서 끓이다가 녹말가루를 물에 타서 잘 저으면서 정도를 맞추어 서서히 넣으면서 끓인다. 소금으로 간을 맞춘다.

면

면이나 만두·떡국 같은 것은 일상시의 식단에 오르기보다는 교자상에서 진지 대신의 주식으로 드는 것인데 대체로 여름철에는 냉면, 겨울에는 온면 또는 만두나 떡국으로 한다.

온 면

■ **재 료**(5인분)

메밀국수	5사리	육산적	80g

쇠고기(양지머리)	1근	완자	40g
계란	2개	양념 · 실고추	약간

● 만드는 법

① 쇠고기는 삶아서 위에 뜨는 기름을 걷고, 고기는 잘게 뜯어 양념한다.

② 국수를 삶아 건져 그릇에 담는다.

③ 그릇에 담은 국수에 쇠고기 삶은 국물을 펄펄 끓여 붓고, 쇠고기 양념한 것과 육산적 · 완자 · 삶은 달걀을 썰어 국수 위에 보기 좋게 얹은 다음 실고추를 약간 뿌린다.

비빔국수

■ 재 료(5인분)

		국수	5사리
		쇠고기	150g
		간장	4큰술
		파	조금
		마늘	조금
후춧가루	조금	미나리	50g
편육	150g	달걀	1개
생강	1/4톨	설탕	1큰술

● 만드는 법

① 쇠고기는 곱게 다져서 파·마늘·생강·설탕·간장·후춧가루를 조금씩 넣고 양념한 후 볶아 놓는다.

② 편육은 채썰어 놓는다.

③ 미나리는 다듬어 씻어 5cm 길이로 썰고 소금에 살짝 절였다가 꼭 짜서 기름에 볶는다.

④ 달걀은 흰자와 노른자를 각각 지단을 부쳐서 가늘게 채썬다.

⑤ 국수를 삶아 건져 그릇에 담고 위의 재료들을 그 위에 모양좋게 얹는다.

떡 국

■ 재 료(5인분)

흰떡	10가래	쇠고기	300g
간장	약간	파	약간
마늘	약간	후춧가루	약간
깨소금	약간	기름	약간
물	5컵	달걀	1개

● 만드는 법

① 떡은 엇비슷이 똑고르게 썰어 놓는다.

② 쇠고기는 가늘고 얇게 4cm 길이로 썰어 산적을 만들어 굽고 고기의 질긴 부분은 간을 맞추어 맑은 장국을 끓인다.

③ 달걀은 흰자 · 노른자를 각각 지단을 부쳐 골패쪽같이 썬다.

④ 펄펄 끓는 맑은 장국에다 떡을 넣고 떡이 떠오를 때까지 끓인다.

⑤ 떡국을 대접에 담고 준비해 놓은 산적과 지단을 위에 얹는다.

만 두

만두에는 밀만두·어만두·생치만두·메밀만두·준치만두·동아만두·편수·병시·규아상 등이 각 계절과 절식에 따라 상에 올랐는데, 여기서는 보편적인 것으로 밀만두만을 소개하겠다.

밀만두

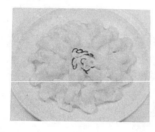 

■ **재 료**(5인분)

밀가루	1컵	물	1컵
쇠고기	500g	숙주	1컵
두부	1/4모	김치	썬 것 1컵
표고	2개	잣	1/4컵
양념들			

● **만드는 법**

① 쇠고기는 반으로 나누어 반은 맑은 장국을 끓이고 반은 잘게 다져서 양념하여 볶는다.

38

② 숙주는 데쳐 놓고 표고와 김치는 채썰어 두부와 고기 볶은 것과 함께 섞고 간을 맞춘다.

③ 끓는 물로 밀가루를 반죽하여 얇게 밀어 가지고 컵으로 눌러 떼어 만두껍질을 만든다.

④ 만두껍질에 준비해 둔 만두속을 넣고 실백을 세 알씩 넣어 반을 접고 만두를 빚는다.

⑤ 맑은 장국에 만두를 넣고 다 익으면 모양이 망가지지 않게 뜬다.

⑥ 만두는 먹기 직전에 그릇에 담고 끓는 장국을 붓는다.

⑦ 먹는 법은 공기에 만두를 한 개씩 덜어서 숟가락으로 만두 가운데를 끊어서 초장을 조금 넣어 먹는다.

조 치

조치는 쇠고기·생선·김치·깻잎·무·달걀 등의 재료를 썰어서 뚝배기에 담고 된장이나 고추장 또는 새우젓국으로 간을 맞추어 밥솥에 찌거나 중탕을 해서 다시 화롯불에 잠깐 동안 끓여서 밥상에 놓는 것이다.

절미 된장 조치

■ 재 료

된장 ····························· 150g   쇠고기 ····························· 150g

39

표고 2개	생강 .... 약간
설탕 .... 약간	참기름 .... 약간
파 .... 약간	마늘 .... 약간

● 만드는 법

① 쇠고기는 다져서 생강 · 파 · 마늘로 양념한다.

② 표고는 씻어서 채썰어 다진 쇠고기와 함께 뚝배기에 담는다.

③ 된장은 체에 걸러 참기름과 설탕을 넣고, 여기에 양념한 쇠고기와 표고와 파를 넣고 밥솥에 쪄낸다. 이 밖에도 김치 조치 · 무 조치 · 깻잎 조치 · 생선 감장 · 게 감장 · 오이 감장 등이 있다.

찜

찜은 국물이 자작하게 남도록 푹 무르게 하는 게 특징인데 주 재료가 식물성 식품인 경우는 선이라고 한다.

생선찜(도미 · 대구 · 민어)

생선찜은 생선을 토막으로 잘라서 번철에 지져서 쇠고기와 함께 냄비에 담고 갖은 고명을 넣고 끓이다가 줄알을 치면 되는 것이지만 생선은 오래 끓이면 부서지기 쉬우므로 밀가루와 달걀을 씌워서 지진다. 그리고 생선찜을 할 때에는 술을 조금 뿌리면 독특한 비린 냄새가 없어진다.

■ 재 료

생선 ·················· 500g	쇠고기 ·················· 50g
표고 ·················· 20g	석이 ·················· 10g
미나리 ·················· 100g	숙주 ·················· 100g
쑥갓 ·················· 200g	양파 ·················· 50g
당근 ·················· 50g	생강 ·················· 10g
달걀 ·················· 2개	녹말가루 ·················· 2큰술
실고추 ·················· 조금	

● 만드는 법

① 생선은 비늘을 긁고 내장을 꺼낸 다음 깨끗이 씻어 2cm 간격으로 칼집을 내어 저민다.

② 쇠고기는 다져 양념하여 생선살 저민 사이에 끼운다.

③ 생선에 소금과 후추를 뿌려 석쇠에 살짝 굽는다.

④ 미나리와 숙주는 데치고, 당근과 양파와 표고·석이는 굵은 채로 썰어 참기름에 살짝 볶는다.

⑤ 냄비에 위의 재료들을 깔고 생선을 놓고 색깔 고운 채소와 버섯을 모양있게 생선 위에 펴놓는다.

⑥ 맑은 장국을 넣고 끓이다가 쑥갓을 얹고 달걀과 녹말을 풀어서 생선에 끼얹어 내놓는다.

특히 기름지지 않고 국물을 맑게 하려면 생선을 기름에 지지지 말고 부스러지지 않게 앉혀서 끓이면 맛이 담백하다.

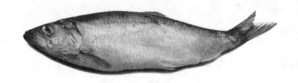

선

두부선

■ 재 료(5인분)

두부	4모	닭고기	200g
달걀	1개	소금	3찻술
파	조금	마늘	조금
후춧가루	조금	깨소금	조금
석이	조금	표고	조금
당근	50g	참기름	2큰술
실고추	조금	실백	조금

● 만드는 법

① 두부는 물기 없이 짜서 체에 거른다.

② 닭고기는 잘게 다져 두부와 달걀을 고루 섞어 간을 맞추고 양념을 넣는다.

③ 체바닥에 기름을 바른 창호지를 깔고 양념한 닭고기와 두부를 2cm 두께로 고루 펴담고 그 위에 표고·석이·당근·달걀 지단을 채썰어 뿌리고 실고추와 실백도 위에 얹어서 솥에 넣고 찐다.

④ 쪄낸 것이 식은 후에 3~4cm 사각으로 썰어 접시에 보기좋게 담는다.

⑤ 상에 놓을 때는 초장과 겨자초를 곁들여 내놓는다.

신선로

신선로 그릇은 중국 요리의 화과자(火鍋子)와 구조
가 매우 비슷한데 중국식 화과자는 크기가 우리 신선
로보다 크고 따라서 재료도 큼직하게 썰어서 날것과
거의 양념에 무치지 않은 재료를 담는 데 반하여 우리
요리는 거의 다 전유어나 지단을 부쳐서 담는다.

■ 재 료(4인분 · 2틀)

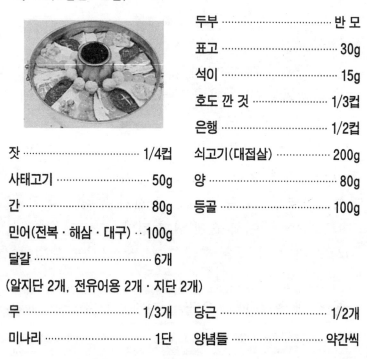

		두부	반 모
		표고	30g
		석이	15g
		호도 깐 것	1/3컵
		은행	1/2컵
잣	1/4컵	쇠고기(대접살)	200g
사태고기	50g	양	80g
간	80g	등골	100g
민어(전복 · 해삼 · 대구)	100g		
달걀	6개		

(알지단 2개, 전유어용 2개 · 지단 2개)

무	1/3개	당근	1/2개
미나리	1단	양념들	약간씩

44

● 만드는 법

① 먼저 육수를 마련하는데, 육수는 사태고기 또는 양지머리를 삶은 물에 조선간장과 후춧가루로 간을 맞춘다.

② 위의 재료 중에서 고기류는 양념하여 익히고 야채는 얄팍하게 사각으로 썰어 놓고 달걀은 지단을 부쳐서 얌전하게 신선로 그릇에 돌려 담는다.

③ 웃고명으로 호도 · 은행 · 잣을 얹고 준비한 육수를 붓고 끓인다.

전유어

전유어는 한자로 전유화(煎油花)라 쓰고 궁중에서는 전유어라 했다. 흔히 저냐라고 한다.

전유어는 육류와 어패류 또는 소의 내장(간 · 양 · 처녑) 등으로 만드는데, 우선 전유어로 할 재료를 얇게 떠서 소금을 뿌려 놓았다가 밀가루와 달걀을 씌운다. 밀가루와 달걀을 씌우는 대신에 녹말을 씌워 부쳐서 흰색 전유어를 만들 수도 있다.

간 전유어

■ 재 료(5인분)

쇠간	300g	소금	약간

후춧가루	약간	메밀가루	5큰술
달걀	2개	기름	3큰술
겨자	약간	초장	약간

● 만드는 법

① 간은 엷은 막을 벗기고 얇게 떠서 소금으로 주물러 빨아 피를 뺀 후 채반에 넣어 물기를 뺀다.

② 간에서 물기가 빠진 후 소금·후춧가루를 뿌리고 메밀가루를 묻혀 놓는다.

③ 메밀가루를 묻힌 간에 계란을 씌워 가지고 프라이팬에 기름을 두르고 지져낸다.

생선 전유어

■ 재 료(5인분)

생선(민어·대구·명태·도미)	300g	후춧가루	약간
소금	약간	밀가루	3큰술
달걀	3개	지짐 기름	4큰술

● 만드는 법

① 생선은 비늘을 긁고 내장을 빼내 깨끗이 씻는다.

② 칼로 생선의 등을 갈라 반으로 쪼개어 뼈를 얇게 떠서 소금·후춧가루를 뿌린다.

③ 얇게 썬 생선 조각을 하나씩 밀가루에 묻히고 달

걀 푼 물에 담갔다가 프라이팬에 기름을 두르고 지진
다.

○ 참 고
달걀을 풀 때는 달걀을 깨뜨려 잘 저어 가지고 소금
을 넣는다. 처음부터 소금을 넣으면 덩어리가 지고 잘
풀리지 않는다.

풋고추 전유어

■ 재 료

풋고추	100g	쇠고기	200g
달걀	3개	밀가루	약간
양념(간장 · 후춧가루 · 깨소금 ·		지짐기름	약간
참기름 · 설탕 · 파 · 마늘)	약간		

● 만드는 법
① 풋고추는 반으로 갈라 씨를 빼낸다.
② 쇠고기는 잘게 다져 갖은 양념을 한다.
③ 양념한 쇠고기를 씨를 빼낸 풋고추 속에 넣고 밀
가루와 달걀을 씌워 프라이팬에 지져낸다.
이때 속을 넣은 쪽에만 밀가루와 달걀을 묻히면 한
쪽은 푸른 고추의 색이 그대로 나타나 훨씬 먹음직스
러워 보인다.

편 육

편육은 고기에 물만 붓고 삶아서 얇게 저며 초장이
나 겨자에 찍어 먹는 것인데, 양지머리로 만드는 것이
제일 좋고 그밖에 우설(牛舌)·우낭(牛囊)·콩팥·쇠
머리·돼지머리로도 만들 수 있다.

우설 편육

■ 재 료

우설(우낭·콩팥)

초장(간장·식초·파·잣가루)

겨자(겨자는 물과 식초 · 소금으로 갠다)

● 만드는 법

① 우설이나 우낭 · 콩팥 같은 것을 깨끗이 씻어 물을 넉넉히 붓고 삶아 편육으로 사용한다.

② 우설은 가운데를 반으로 갈라서 썰고 콩팥은 그대로 둥근 모양으로 썰어서 담는다.

양지머리 편육

■ 재 료

쇠고기(양지머리)

초장(간장 · 식초 · 파 · 잣가루)

겨자(겨자는 물과 소금 · 식초를 넣고 갠다)

● 만드는 법

① 쇠고기를 찬물에 씻어 물을 넉넉히 넣고 삶는다.

② 충분히 삶아졌을 때 건져서 깨끗한 베보자기로 싸서 무거운 것으로 눌러 놓는다.

③ 고기의 결과 반대쪽으로 얇게 저며서 초장이나 겨자와 함께 상에 놓는다.

제육 편육

■ 재 료

돼지고기(삼겹살) · 곱창

● 만드는 법

① 돼지고기를 푹 삶아 식기 전에 베보자기에 싸서 무거운 것으로 눌러 놓는다.

② 눌러서 단단하게 된 고기를 얇게 썰어 접시에 담는다.

③ 돼지곱창을 삶아 제육 위에 얹는다.

이때 초장이나 새우젓을 곁들인다.

돼지머리 편육

■ 재 료

돼지머리	1개
마늘	1통 반
달걀	4개
생강	8톨

● 만드는 법

① 돼지머리를 반으로 쪼개어 물에 잠기도록 물을 붓고 생강과 마늘 5쪽을 통째로 넣어 젓가락으로 눌러 뼈가 빠질 때까지 푹 삶는다.

② 쟁반에 베보자기를 펴고 삶은 돼지머리를 놓고 뼈를 추려낸 후 나머지 생강과 마늘로 곱게 다져 돼지머리에 뿌리고 후춧가루와 소금으로 간을 맞추고 달걀은 삶아서 으깨 뿌린다.

③ 베보자기에 양념한 돼지머리를 단단히 싸서 돼지머리 삶은 국물로 다시 30분 이상 끓인다.

④ 삶은 것을 건져내 도마를 대고 누르면서 적당한 크기로 얇게 저민다.

여러 가지 국

국은 장국(맑은 장국)과 토장국의 두 가지로 나눈다.

장국은 대개 간이 슴슴하고 맛이 산뜻하고 따뜻한 것이 원칙이나 특별히 냉국도 있다. 먹기에 적당한 온도는 섭씨 70도 정도이며 간은 간장과 소금으로 한다.

토장국은 된장·고추장으로 간을 하여 맛이 구수하고 걸직하게 하는 것이 원칙이다. 된장 분량의 표준은 다음과 같다.

된장 14g 중에 염분이 1g쯤 함유되어 있으므로 된장국을 끓이려면 물의 8% 정도의 된장을 넣어야 한다.

국은 국물이 목적이므로 수조육의 뼈 등을 처음부터 찬물에 담가서 수용성인 성분을 충분히 나오게 한다음 중불로 끓인다. 한소끔 끓어 오르면 위에 뜬 거품을 떠버리고 불을 아주 약하게 해서 뭉근히 오래 끓여서 국물이 구수하고도 맛있게 한다.

멸치국물

■ 재 료
멸치

● 만드는 법
① 멸치는 내장을 빼고 깨끗이 씻는다.

② 물 10컵에 멸치 200g 정도의 비율로 멸치를 넣고 불은 중불로 하여 끓인다.

③ 멸치국물을 낼 때는 국물이 끓어 오르면 반드시 냄비 뚜껑을 열어 놓아야 멸치 비린내가 나지 않는다.

이 멸치국물은 사계절을 통하여 어느 계절이고 다 이용된다.

쇠고기국물(肉水)

■ 재 료
쇠고기(주로 도가니살 · 사태 · 홍두깨살 · 치마살 · 업진 · 채끝살)
무(양파)

● 만드는 법
① 물과 쇠고기의 분량은 물 10컵에 쇠고기 600g으로 한다.

② 살코기와 무를 큼직하게 썰어 넣고 찬물에서부

터 끓인 다음 거품을 걷고 또 한 번 푹 끓인다.

③ 국물이 우러난 건더기는 적당히 찢어 양념을 해서 국건더기로도 쓴다. 때로는 편육으로도 이용한다.

이 육수는 어느 계절이라고 지정할 것 없이 사계절을 통해서 다 이용된다.

뼈국물

■ 재 료

소뼈(쇠머리 · 족 · 사골 · 도가니뼈 · 등뼈 · 쇠꼬리 · 엉덩이뼈)
무(양파)

● 만드는 법

① 뼈는 길이 4~5cm 정도로 자른다. 쇠머리인 경우에는 통째로 한다.

② 물과 뼈의 비례는 물 20컵에 뼈 2kg, 사태고기 300g, 무는 작은 것 1개, 양파는 큰 것 2개 정도를 넣는다.

③ 무 · 양파는 통째로 넣고 자른 뼈를 넣어 중간불로 은근하게 오래 끓여 푹 무르도록 한다.

④ 한바탕 끓은 뒤에 위에 뜬 거품을 거둬내고 뼈국물이 우러나도록 다시 한 번 끓인다. 끓여낸 뼈는 세 번째까지 끓여도 국물이 뽀얗고 구수하다. 이 뼈국물은 기름기가 적당히 있어 맛이 부드럽고 구수한 것이

특징이다.

이 국물은 가을철과 겨울철 채소국에 많이 쓰인다.

조개국물

■ 재 료

조개(대합조개 · 모시조개 ·

바지락조개 · 고막 · 재치

· 맛살 등)

속뜨물

● 만드는 법

① 조개는 끓이기 전에 맹물에 한 시간 정도 담가서 흙물을 다 토해 내게 하고 해감내를 뺀다.

② 담가 놓은 조개를 깨끗이 씻어서 받아 놓은 속뜨물에 넣고 약 20분쯤 끓인다.

③ 조개는 물 10컵에 2컵 정도 넣으면 알맞다.

④ 조개껍질이 벌어지면 다 익은 것이니 국물을 걸러서 이용해도 좋다.

이 조개국은 봄 · 가을의 채소국에 많이 쓰이며 특히 봄 산나물국에는 잘 어울려 봄맛을 풍긴다.

토장국을 끓일 때에는 위의 멸치국물 · 쇠고기국물 · 뼈국물 · 조개국물 중 어느 것을 이용하든 각종 국물에 된장을 걸러 부으면 토장국이 되고 식성에 따라

고추장을 풀어 얼큰하게 하기도 한다.

산나물국(봄국)

봄에는 기름기가 없고 아주 산뜻하고도 시원한 국이어야 한다. 입맛이 없고 무언가 새롭고 산뜻한 음식이라야 구미가 당기기 때문이다. 그러므로 국물로는 대부분 조개국이 많이 쓰이고 있다.

봄의 된장국에는 산나물·들나물·밭나물이 주가 된다.

나물의 종류에는 소루쟁이·제비꽃·홋닢·햇고사리·원추리·산나물·냉이·쑥 등이 있고, 채소에는 아욱·근대·시금치·솎음배추·쑥갓 등이 있다.

생선에는 오징어·뱅어·관자·조기·꽁치 등이 있는데, 이것은 국보다도 얼큰하게 지짐이를 하면 좋다.

■ 재 료

산나물(솎음배추)	500g	고막즙	6컵
된장	3큰술	굵은파	4뿌리
마늘	2쪽	참기름	1큰술

● 만드는 법

① 어리고 연한 산나물을 깨끗이 다듬어 씻은 다음 살짝 데친다.

② 고막조개 국물에 된장을 걸러 붓는다.

③ 걸러 부은 된장에다 데친 산나물과 굵게 채친 파와 마늘을 다져서 넣고 푹 끓인다.

④ 참기름은 그릇에 담기 직전에 넣고, 2분간 끓여 상에 낸다.

식성에 따라 고추장 1큰술쯤을 넣어도 좋다. 또 산나물 대신 솎음배추를 넣고 끓여도 좋다.

민어국(여름)

여름에는 채소·생선이 많이 나와서 국거리가 많은 듯하나 실은 지짐이·찌개를 많이 해먹고, 국은 냉국으로 해서 먹는다. 여름 지짐이에는 생선국을 많이 이용한다.

생선에는 바다 것으로 도미·삼치·민어·고등어·꽁치·숭어 등이 많이 나온다.

낚시질해서 많이 잡히는 강물고기나 개울생선으로는 미꾸라지·피라미·모래무지·가물치·날치·붕어·단지·뱀장어 등이 있다.

채소로는 호박·감자·양배추·양파·풋고추·배추 우거지·열무 우거지·오이·가지 등이 많이 나온다.

■ 재 료

민어	1마리	쇠고기	150g
호박	1개	된장	1큰술
고추장	2큰술	속뜨물	6컵
마늘	2쪽	파	50g
생강	약간		

● 만드는 법

① 쇠고기는 잘게 썰어 양념해서 볶는다.

② 뜨물에 된장과 고추장을 거르고 양념해서 볶은 쇠고기를 넣고 끓인다.

③ 호박은 한 입에 들어갈 만한 크기로 어슷어슷 저미고, 파는 굵게 채치고, 생강과 마늘은 다져 놓는다.

④ 민어는 비늘을 긁고 뼈 중심으로 반으로 갈라 5cm 정도로 토막낸다.

⑤ 토장국이 두 번 끓으면 민어와 파 · 마늘 · 생강 호박을 넣고 민어가 푹 익도록 끓인다.

⑥ 다 익을 무렵에 파의 푸른잎을 넣고 다시 1~2분 정도 끓인 후 그릇에 담아 낸다.

추탕(가을)

가을에는 날씨가 점점 선선해지므로 국물은 대개 기름기가 있고 구수한 뼈국물 · 육수를 쓴다.

가을철에 나는 채소로는 토란 · 배추 · 무 · 애호박 · 솎음배추 · 버섯 종류(싸리버섯 · 참나무버섯 · 송이버섯 · 느타리버섯 등)가 많이 나와 주재료가 된다.

생선으로는 낙지 · 게 · 대구 · 병어 · 숭어 · 넙치 · 서대기 등이 있으며 민물고기도 많이 나온다.

■ **재 료**(5인분)

미꾸라지	400g
쇠고기	200g
숙주나물	30g
고비	25g
배추	30g
파 30g	고추장 3큰술
된장 2큰술	물 6컵
묽은장 6큰술	후춧가루 1찻술

● **만드는 법**

① 미꾸라지는 산 채로 소쿠리에 담아서 소금물에 여러 번 헹구어 해감을 뱉게 한다.

② 숙주 · 고비 · 파를 다듬어 5cm 정도로 자른다.

③ 쇠고기나 닭고기를 고아서 건지고 그 국물에 미꾸라지를 넣어 맛이 우러나도록 푹 고아낸다.

④ 충분히 고아지면 미꾸라지를 소쿠리에 건져 나무 주걱으로 살살 부대껴 걸러 살은 빼고 뼈와 껍질은

버린다.

⑤ 국에 된장 · 고추장을 풀고 생강을 다져 넣는다.

⑥ 국물을 낸 닭고기나 쇠고기를 먹기 좋게 썰어 준비한 숙주 · 고비 · 파와 같이 섞어 양념해 무친다.

⑦ 위의 것들을 모두 넣고 다시 한 번 끓인다.

김치 지짐이(겨울)

겨울철에는 날씨가 매우 추우므로 열량이 많은 것을 이용해야 한다. 국물에는 기름기가 많은 곰탕국물 또는 뼈국물 · 육수를 많이 쓰게 된다. 때로는 돼지고기도 많이 쓰게 된다.

겨울철에는 채소가 온실 채소 아니면 저장 채소이므로 구하기가 어렵다. 채소에는 배추 · 무 · 콩나물이 주재료가 되고 여기에 호박 오가리 · 가지 오가리 · 시래기가 이용되며, 시금치 · 미나리도 약간은 쓰인다. 김치도 많이 이용된다.

겨울철의 생선에는 명태 · 대구 · 청어 · 오징어 · 문어 · 연어 · 은어 · 방어 등이 제철이다.

■ 재 료

겨울배추김치	500g	돼지고기	300g
파	2뿌리	참기름	2큰술
된장	2큰술	고추장	2큰술

60

뜨물

● 만드는 법
① 돼지고기는 잘게 썰어 파·마늘로 양념한다.
② 김치를 물에 대강 씻어 잘게 썬다.
③ 된장과 참기름을 돼지고기·김치와 같이 섞어 간이 충분히 배도록 볶는다.
④ 웬만큼 볶아지면 준비한 뜨물을 붓고 끓여 푹 무른 뒤에 먹도록 한다.

탕

곰 탕

■ 재 료

사태	600g	양	600g
곱창	600g	무	300g
통마늘	1통	생강	1쪽
대파	3대	소금	조금
후춧가루	조금		

● 만드는 법

① 양은 밀가루로 박박 문질러 씻어 끓는 물에 데친 후 껍질을 벗기고 깨끗이 손질한다.

② 곱창은 옆부분의 기름기를 어느 정도 잘라낸 다음 반을 갈라서 소금으로 주물러 씻어서 냉수에 여러 번 헹군다.

③ 사태는 물에 잠시 담가 핏물을 뺀다.

④ 무는 큼직하게 토막낸다.

⑤ 물 50컵, 양, 사태, 곱창, 무, 마늘, 파, 생강을 넣고 푹 끓인다. 끓는 도중에 거품을 걷어낸다.

⑥ 푹 익으면 고기를 꺼내어 먹기 좋은 크기로 썰어 국물에 넣고 다시 끓여 한 그릇씩 떠 먹는다.

○ 조리 포인트

양지머리와 사태는 맛있는 국물을 내기에 적당한

부위이다. 양지머리는 앞다리 쪽의 부위로 운동량이 많아 힘줄이나 막이 많지만 핵산, 아미노산 성분이 많아 고기 전체가 단단한 편, 결합조직 속의 콜라겐은 가열하면 젤라틴이 되고 연해져서 먹기 좋으므로 사태 역시 푹 익히면 요리, 육수를 내는 데 좋다.

육개장

■ 재 료

양지머리	600g
양	300g
대파	4대
마늘	1통
생강	1/2쪽

고춧가루	2큰술	참기름	1큰술
물	30컵		

● 만드는 법

① 양은 밀기루로 문질러 씻은 후 뜨거운 물에 담갔다가 건져 검은 표피를 벗기고 안쪽의 기름과 막을 제거한다.

② 곱창은 기름을 떼어내고 반으로 갈라 소금으로 문질러 씻는다.

③ 양지머리는 냉수에 담가 핏물을 뺀다.

④ 냄비에 손질한 양, 곱창, 양지머리를 담고 파, 마늘, 생강을 넣고 푹 끓인다.

⑤ 나머지 대파는 10cm 정도로 썰어 주물러서 어느 정도 으깨어지면 살짝 데친다.

⑥ 고춧가루와 참기름을 섞어 고추기름을 만든다.

⑦ ①의 고기가 익으면 건져서 굵직하게 썰어 고기 양념으로 무쳐 다시 냄비에 담고 파와 고추기름을 넣어서 끓여낸다.

○ 조리 포인트

곱창은 옆에 붙어 있는 굳기름을 떼어내고, 소금을 뿌려 바락바락 주무르며 씻는다. 찬물에 여러 번 훑어 내리면서 헹궈 준다.

양은 밀가루 · 소금을 뿌려서 박박 문질러 씻은 뒤, 끓는 물에 데친다. 데쳐 낸 양의 검은 껍질과 기름기를 칼이나 숟가락, 전복 껍질 등으로 깨끗하게 벗겨 낸다.

설렁탕

■ 재 료

쇠고기(사태 · 유통살)	300g
양	300g
뼈도가니	1개
파	1뿌리

64

물 ·························· 12컵   갖은 양념

● 만드는 법

① 사태 · 도가니 · 양 등의 탕거리를 한데 넣고 오래도록 고아 국물을 우려낸다.

② 충분히 고아지면 고기를 건져내 썰어 양념하여 다시 넣는다.

③ 식사할 때에 파 · 소금 · 후춧가루로 각자가 간을 맞추어 먹는다.

연배추탕

■ 재 료(5인분)

연배추 ······················ 2단	쇠고기 ······················ 100g
모시조개 ················· 150g	토장 · 고추장 ············· 약간
양념(간장 · 후춧가루 · 깨소금) ·· 약간	참기름 · 마늘 ············· 약간
파 ·························· 약간	물 ························ 6.5컵

● 만드는 법

① 배추는 다듬어서 살짝 데친다.

② 쇠고기는 잘게 썰어 양념에 잰다.

③ 속쌀뜨물에 토장과 고추장을 풀어 체로 걸러 쇠고기 잰 것과 함께 고기장국을 끓인다.

④ 모시조개는 소금물로 여러 번 씻어 삶아서 알맹

이를 까서 끓는 국에 넣고 삶은 배추와 파를 듬성듬성
썰어 넣고 끓인다.

감자탕

■ 재 료

감자	3개	돼지갈비	600g
양파	2개	쑥갓	조금
대파	1대	붉은고추	1개

풋고추 ·················· 1개	고춧가루 ·················· 2큰술
식용유 ·················· 1큰술	마늘 다진 것 ·············· 약간
생강 ·················· 약간	소금 ·················· 약간
후춧가루 ·················· 약간	물 ·················· 약간

● 만드는 법

① 감자는 큼직하게 썬다. 양파는 작은 것으로 통으로 넣고 큰 것은 큼직하게 썬다. 대파·붉은 고추·풋고추는 어슷 썬다.

② 돼지갈비는 4~5cm 크기로 잘라 기름기를 떼어낸 뒤 냉수에 담갔다 건진다.

③ 냄비에 기름을 두르고 돼지갈비를 넣고 볶는다. 겉면이 익으면 생강·마늘과 고춧가루를 넣고 다시 볶아서 물을 붓고 끓인다.

67

④ 감자와 양파를 넣고 끓여서 고기가 익으면 붉은 고추·풋고추를 넣고 소금·후추로 간을 한다. 대파를 넣고 불을 끈다.

○ 조리 포인트

감자에는 전분이 많이 들어 있어 쉽게 무르므로, 오래 끓이면 감자가 풀어져 국물이 걸쭉하게 된다. 따라서 뼈를 푹 고아 국물맛을 충분히 우린 후에 감자를 넣도록 한다. 손질할 때 껍질 벗긴 감자를 15~20분 정도 미리 물에 담가 두었다가 이용하는 것도 감자가 풀어지지 않게 하는 한 방법이다.

조기 맑은 탕

■ 재 료

조기 ························ 1마리	물 ·························· 8컵
청장 ························ 50g	쑥갓 ······················ 50g
실파 ························ 30g	쇠고기 ···················· 100g
다진 마늘 ············· 1작은술	생강즙 ················· 1작은술
소금 ······················ 조금	식용유 ···················· 조금

● 만드는 법

① 조기는 비늘을 잘 긁어서 머리를 잘라내고 내장을 꺼낸 다음 깨끗이 씻어 3cm 정도로 토막을 낸다. 소금을 조금 뿌려 두면 간이 배어 맛있다.

② 쇠고기는 얇게 저며 썰어 양념을 넣고 고루 무친다.

③ 실파는 깨끗이 다듬어 씻어 4cm 길이로 썰고 쑥갓은 짧게 자른다.

④ 냄비에 기름을 두르고 밑간해 둔 고기를 볶다가 분량의 물을 붓고 팔팔 끓인다.

⑤ ④에 토막낸 조기와 다진 마늘, 생강즙을 넣고 조기가 익으면 쑥갓과 실파를 넣는다.

○ 조리 포인트

조기찌개를 끓일 때는 너무 오래 끓이거나 미리 끓여 두면 맛이 덜하다. 재료를 준비해 놓았다가 먹기 직전에 끓여야 제맛이 난다. 특히 생선은 지나치게 익

히면 살이 단단해지므로 한 차례 국물이 끓은 다음 넣
어 재빨리 익힌다. 생선을 끓이다 보면 생선에서 나온
분비물 등이 거품 형태로 위에 뜨는데 이를 숟가락으
로 떠내야 깔끔한 국물을 즐길 수 있다.

전 골

해물전골

■ 재 료

새우	4마리	갑오징어	1마리
모시조개	6개	양파	100g
붉은고추	2개	풋고추	2개

팽이버섯 ·························· 50g   쑥갓 ····························· 3줄기

대파 ··························· 30g

◆다데기장

고춧가루 · 다진 파 · 다진 마늘 · 육수 · 간장 · 소금

● 만드는 법

① 새우는 내장을 뺀 후 소금물에 씻어 준비한다.

② 갑오징어는 손질하여 안쪽에 가로 · 세로로 칼집을 깊게 넣은 후 먹기 좋게 자른다.

③ 모시조개는 소금물에 담가 해감을 뺀다.

④ 양파는 채 썰고 대파 · 풋고추 · 붉은고추는 어슷하게 썰어 씨를 뺀다.

⑤ 팽이버섯 · 쑥갓도 다듬어 준비한다.

⑥ 다데기장을 만든다.

⑦ 전자레인지용 냄비에 준비한 재료 등을 보기좋게 담아 물을 부어 랩을 씌운 후 강한 온도에서 5분 정도 익힌다.

⑧ ⑦에다 양념 다데기를 풀어 부어 다시 랩을 씌운 후 강한 온도에서 3분 더 끓이다 꺼내어 간 맞춰 놓는다.

○ 조리 포인트

정성들여 조개 요리를 해 놓고서도 모래가 씹혀 먹지 못하게 되는 경우가 많으므로 모래와 해감을 토하

71

게 한 다음에 요리를 하는 것이 중요하다.

먼저 조개를 잘 씻어 넓적한 그릇에 겹치지 않게 늘어놓은 다음 약 3%의 소금물을 부은 후 신문지로 싸서 반 나절 정도 두면 해감을 토해 낸다.

두부 고기 전골

■ 재 료

두부	1모	쇠고기	150g
실파	50g	표고버섯	6장
붉은고추	3개	무	5cm 1토막
다진 마늘	2큰술	다진 파	1큰술
깨소금	1작은술	참기름	약간

72

국간장	약간	후춧가루	약간
소금	약간	육수	적당히
식용유	약간		

● 만드는 법

① 두부는 1cm 두께의 삼각형으로 썬다. 소금을 약간 뿌린 뒤 간이 배면 마른 행주로 눌러 물기를 없앤다.

② 프라이팬에 식용유를 두르고 뜨거워지면 두부를 노릇노릇하게 지져낸다. 한쪽 면에 칼집을 넣는다.

③ 쇠고기는 곱게 다져서 국간장·깨소금·마늘·파·참기름·후춧가루를 넣고 고루 치대어 양념을 한다.

④ 두부의 칼집 사이에 밀가루를 묻히고 양념한 고기를 넣어 꼭꼭 눌러 놓는다.

⑤ 무는 나박썰기한다.

⑥ 표고버섯은 충분히 불려 밑둥을 자르고 중앙에 칼집을 넣어 모양을 낸다.

⑦ 붉은고추는 반으로 갈라서 씨를 뺀 다음 굵게 채썬다. 실파도 같은 길이로 썬다.

⑧ 전골냄비에 무·파·마늘을 섞어 담고 나머지 재료를 위에 색스럽게 담는다. 간을 맞춘 육수를 붓고 전골을 끓인다.

○ 조리 포인트

전골이나 찌개의 깊은 맛은 진국이 충분히 우러난 육수에서 나온다. 일반적으로 고기 삶은 물을 이용하는데 때에 따라 멸치·마른 새우·다시마 등으로 국물을 우려내기도 한다.

라면 전골

■ 재 료

라면	1봉지	당근	1/2개
표고버섯	4개	양파	1/2개
붉은고추	2개	풋고추	2개
쇠고기	60g	육수	2컵

74

달걀	1개	소금	약간
간장	1큰술		

◆쇠고기 양념

파	적당히	마늘	적당히
깨소금	적당히	후춧가루	적당히
간장	1큰술	설탕	1작은술
참기름	적당히		

● 만드는 법

① 표고버섯은 불렸다가 밑둥을 떼고 길쭉하게 채 썬다.

② 당근·풋고추·양파도 길쭉하게 채썬다.

③ 쇠고기는 채썰어 양념을 넣고 고루 무친다.

④ 라면은 살짝 삶아 찬물에 헹구어 체에 건진다.

⑤ 냄비에 준비한 야채를 색색으로 돌려 담는다.

⑥ 소금과 간장으로 간을 맞춘 육수를 부어 끓인다.

⑦ 한소끔 끓이면 삶은 라면을 얹고 달걀을 얹는다.

○ 조리 포인트

양파를 썰 때 눈이 맵고 눈물이 나와 고생하는 경우 가 많다. 이럴 때 눈물을 흘리지 않고 양파를 썰 수 있 는 방법을 활용하면 쉽게 조리할 수 있다. 우선 칼은 잘 드는 것으로 사용하고, 가끔 칼을 물에 적셔 주면 서 다지면 상당한 효과를 얻을 수 있다. 또 냉장고에

넣어 양파를 충분히 차게 한 후 썰거나 다지면 눈이
아프지 않다. 양파 껍질을 벗길 때는 물 속에서 벗기
면 역시 눈이 아리지 않다. 이러한 방법들은 양파 속
의 눈물을 나오게 하는 성분이 물에 잘 녹는다는 성질
을 이용한 것이다.

내장 전골

■ 재 료

양지머리	200g	곱창	200g
양	100g	당근	1/4개
양파	1개	호박	50g
표고버섯	5장	쑥갓	1/2단

국수 ······························ 200g

● 만드는 법

① 곱창은 주변에 붙은 기름기를 적당히 잘라 내고 소금으로 문질러 깨끗이 씻는다.

② 양은 뜨거운 물에 데쳐 껍질을 벗겨 깨끗이 씻는다.

③ 양지머리와 곱창·양을 냄비에 담고 물 8컵을 부어 은근히 끓여서 고기가 익으면 건져서 납작하게 썰어서 양념장에 버무린다.

④ 양파·당근·표고버섯·호박은 납작납작하게 썰고 우동국수는 삶아서 건진다.

⑤ 전골냄비에 양념한 고기와 야채를 담고 ③의 육수를 부어 끓인다.

○ 조리 포인트

소의 내장 중에서 우리가 흔히 먹는 것은 양(위), 곱창(소장), 그리고 간·콩팥·염통 등이다.

양이나 곱창은 양념구이 또는 곱창전골, 내장전골로 많이 해먹는다. 한편 이들 간이나 염통·콩팥은 비타민이 매우 풍부한 식품으로 간에는 비타민 A가 많으며 구이를 해먹는 염통은 비타민 B_1, B_2가 많고 콩팥에는 무엇보다도 철분이 풍부하다.

쇠고기 야채 전골

■ 재 료

쇠고기(등심)	300g	양배춧잎	3장
양파	1개	당근	1/2개
생표고버섯	5장	쑥갓	1/2단
대파	1대		

◆국물

다시마	10cm	말린 다랑어	조금
조미료술	2큰술	물	2컵
소금	조금		

◆양념장

진간장	1/2컵	조미료술	1/2컵

설탕 ······························· 2큰술

● **만드는 법**

① 먼저 국물을 만든다. 냄비에 물 2컵을 붓고 다시마를 넣어 끓이다가 말린 다랑어를 넣고 불을 끈채 뚜껑을 덮어 잠시 기다린다.

② 다랑어가 가라앉으면 어레미에 받쳐 조미료술과 소금을 넣어 간을 한다.

③ 쇠고기는 한입 크기로 잘라 프라이팬에 살짝 볶는다.

④ 양배추는 1cm 너비로 채치고 양파·당근도 보기 좋게 썬다.

⑤ 생표고는 기둥을 떼고 씻어서 갓 중심에 열십자로 칼집을 낸다.

⑥ 파는 다듬어서 어슷하게 썬다.

⑦ 냄비에 ②의 다랑어 국물을 붓고 끓으면 쇠고기와 준비한 양파·양배추·당근·파·버섯 등을 넣는다. 다 익으면 건져서 양념장에 찍어 먹는다.

○ **조리 포인트**

냄비에 기름을 두르고 쇠고기를 볶다가 야채를 넣고 국물을 부어 끓여도 별미. 양념장은 식성에 따라 겨자장으로 대신해도 된다. 또는 달걀 노른자에 참기름과 소금을 조금씩 넣고 익은 고기와 야채를 건져 찍

어 먹어도 맛있다.

대구지리

■ 재 료

대구	1마리	배추	6잎
무	1/3개	당근	1/2개
표고버섯	3장	미나리	1/2단
쑥갓	1/2단	대파	1대

◆국물

다시마	20cm	조미료술	1/2컵

◆양념장

진간장	1/2컵	레몬즙	1/2컵

무 갈은 것 ·························· 조금   생강 갈은 것 ······················ 조금
파 다진 것 ·························· 조금

● 만드는 법

① 대구는 아가미를 들추고 손을 넣어 내장을 잡아
빼놓는다.

② 깨끗이 씻어 5cm 길이로 토막치고 내장도 깨끗
이 씻는다.

③ 배추는 살짝 데쳐 김발 위에 펴 놓고 채썬 당근
을 얹어 단단하게 말아 3cm 길이로 썬다.

④ 미나리는 깨끗이 손질하여 3cm 길이로 자르고
파는 어슷 썬다. 쑥갓은 밑둥을 잘라내고 깨끗이 씻어
놓는다.

⑤ 표고버섯은 꼭지를 떼고 씻어 뒷면에 칼집을 넣
어 모양을 낸다. 무는 도톰하게 썬다.

⑥ 냄비에 다시마와 술, 물 5컵을 부어 팔팔 끓여
다시마는 건져내고 미나리와 쑥갓을 제외한 모든 재
료들을 넣어 끓인다.

⑦ 레몬즙과 간장을 섞어 만든 뽄즈유와 생강·무
·파 다진 것을 준비한다.

⑧ ⑥이 거의 익어가면 쑥갓과 미나리를 넣고 끓여
익으면 뽄즈유에 생강·파·무 등을 섞어 찍어 먹는
다.

○ 조리 포인트

　대구의 참맛은 머리에 있으므로 토막낸 머리도 사용한다.

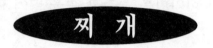
찌 개

순두부 찌개

■ 재 료

순두부	300g	조갯살	50g
돼지고기	100g	김치	100g
소금	1큰술	식용유	1큰술
파	약간		

◆양념장

고춧가루	1큰술	간장	약간
파	약간	마늘 다진 것	약간
참기름	약간		

● 만드는 법

　① 조갯살은 소금물에 씻어 건지고, 돼지고기는 저며 썰어 갖은 양념한다.

　② 김치는 잘게 썰고 파는 어슷 썬다.

　③ 뚝배기에 기름을 두르고 고기를 볶다가 김치를

볶고, 물을 부어 끓인다.

④ ③에 순두부를 넣고 다시 끓인다.

⑤ ④에 조갯살·파·양념장을 얹어 다시 한 번 끓여낸다. 간이 부족하면 소금으로 맞춘다.

연두부 시금치 볶음

■ 재 료

연두부	2모	시금치	100g
마른 새우	30g	파	1/2대

마늘	1쪽	식용유	약간
소금	약간	참기름	약간
녹말	2큰술	후춧가루	약간

● 만드는 법

① 시금치는 끓는 물에 데쳐 내어 송송 썬다.

② 마른 새우는 미지근한 물에 불려 곱게 다지고, 파는 어슷 썬다.

③ 팬을 달구어 기름을 두르고 파·마늘을 볶아 향이 나면 새우를 볶는다.

④ 육수를 ③에 부어 끓으면 시금치와 연두부를 넣고, 소금간하여 끓인다.

⑤ ④에 물녹말을 넣어 농도를 내고 참기름·후춧가루로 맛을 낸다.

표고 두부 된장 찌개

■ 재 료

표고버섯	4장	두부	1/4모
애호박	1개	쇠고기	50g
붉은고추	2개	풋고추	2개
대파	1/2대	된장	2큰술
고춧가루	1큰술	멸치	10마리

● 만드는 법

① 표고버섯은 미지근한 물에 충분히 불려서 밑둥을 잘라내고 먹기 좋게 썬다.

② 두부·호박은 1cm 두께로 썰고, 쇠고기는 얄팍하게 썬다.

③ 붉은고추·풋고추는 어슷하게 썰어 씨를 털어낸다.

④ 대파는 깨끗이 씻어 어슷하게 썬다.

⑤ 멸치는 내장을 빼고 반으로 잘라 잘게 부순다. 이때 프라이팬에 살짝 볶아 물기를 없애 바삭하게 만든 다음 분마기에 넣고 찧으면 쉽게 가루낼 수 있어 편하다.

⑥ 뚝배기에 물을 붓고 멸치가루를 넣어 끓여서 멸

치국물을 우린다. 여기에 된장을 고루 풀어 넣는다.

⑦ ⑥에 얄팍하게 썬 고기를 넣고 한소끔 끓인다.

⑧ ⑦에 준비한 두부 · 애호박 · 표고버섯 · 고추 · 파 등을 넣어 끓인다.

○ 조리 포인트

된장찌개는 재료를 넣고 너무 오래 끓이면 맛이 덜하다. 일단 된장을 풀고 재료를 넣어 한소끔 팔팔 끓으면 불에서 내리도록 한다. 그래야 재료가 너무 무르지 않고 된장 특유의 향기도 즐길 수 있다.

비지 찌개

■ 재 료

흰콩 ······················· 1컵	배추 ······················· 400g
무 ························· 200g	돼지갈비뼈 ··············· 300g

◆양념장

간장 ····················· 5큰술	깨소금 ··················· 2큰술
참기름 ··················· 1큰술	고춧가루 ··············· 1작은술

파 다진 것 · 마늘 다진 것

● 만드는 법

① 콩은 골라 하룻밤 정도 물에 불린 다음 곱게 간다.

② 배추는 씻어 살짝 데쳐서 송송 썰고 무는 사방 2cm 크기로 납작하게 썬다.

③ 돼지갈비뼈는 물에 담갔다 깨끗이 손질한 후 파·마늘·생강을 넣고 물을 부어 푹 끓여 육수를 만든 다음 파·마늘·생강을 건져낸다.

④ 뚝배기에 살짝 데쳐서 송송 썬 배추와 납작하게 썰어 놓은 무를 깔고 볶다가 콩 간 것을 넣고 돼지갈비뼈로 만든 육수를 부어 약한 불에서 저어 주면서 푹 끓인다.

⑤ 양념장을 만들어 곁들인다.

○ 조리 포인트

돼지뼈는 끓는 물에 살짝 데쳐 내서 밑이 두터운 냄

비에 넣고 물을 부은 후, 파잎과 조미료술을 넣고 푹
고아 국물을 우려내도 좋다.

돼지고기 찌개

■ 재 료

돼지고기	200g	시금치	1/4단
팽이버섯	1/2봉지	미나리	1/4단
무	1/3개	대파	1대

◆국물

흰된장	1큰술	다시마 국물	4컵
조미료술	1큰술		

● 만드는 법

① 시금치는 끓는 물에 소금을 조금 넣고 살짝 데쳐 찬물에 헹구어 물기를 꼭 짠 다음 4cm 길이로 썬다.

② 팽이버섯은 밑둥을 자르고 씻어서 데친 미나리로 몇 줄기씩 묶는다.

③ 무는 껍질을 벗겨 부드럽게 삶아서 납작납작하게 썬다.

④ 당근은 꽃모양으로 썰고 파는 3cm 길이로 큼직하게 자른다.

⑤ 냄비에 다시마 국물과 조미료술을 넣고 끓인다.

⑥ 흰된장을 풀어 넣어 돼지고기의 냄새를 없애고 고기가 익으면 파와 준비한 야채를 넣어 다시 한 번 끓여서 먹는다.

○ 조리 포인트

돼지고기 찌개를 끓일 때는 무엇보다 돼지고기 특유의 냄새를 없애는 것이 중요하다. 조미료술과 된장 외에도 생강을 넣으면 맛이 더 산뜻해진다. 돼지고기는 기름이 조금 섞인 것으로 고르는 것이 국물맛을 내는 데 좋다. 얼큰한 찌개를 원할 때는 냄비에 식용유를 두르고 마늘·고춧가루를 넣고 볶다가 고기와 물·야채를 넣고 끓이면 된다.

명란젓 찌개

■ 재 료

명란젓 ································· 1쌍	두부 ································· 1/2모
송이버섯 ··························· 조금	쑥갓 ································· 조금
대파 ································· 1대	풋고루 ···························· 1개
붉은고추 ··························· 1개	

진간장 · 국간장 · 새우젓국 · 소금 · 식용유

◆알전 재료

달걀 ································· 1개	꼭 짠 두부 ····················· 3큰술

밀가루 · 파 · 마늘 다진 것 · 풋고추 다진 것

● 만드는 법

① 두부는 3등분하여 1cm 두께로 썰어 소금을 뿌려 둔다.

② 쑥갓은 2등분, 송이버섯은 적당히, 파·고추는 어슷 썬다.

③ 꼭 짠 두부, 다진 파·마늘·풋고추에 명란젓을 다져 섞고 숟가락으로 한 입씩 떠서 밀가루에 살짝 굴린다. 달걀물에 적신 후 프라이팬에 기름을 두르고 지져 낸다.

④ 멸치와 말린 새우를 넣어 육수가 2컵 정도로 나오게 준비한다.

⑤ 냄비에 육수를 붓고 끓으면 진간장·국간장·소금으로 간을 맞추고 마지막에 새우젓국을 조금 넣어 시원한 맛을 낸다.

⑥ ⑤에 소금간이 밴 두부를 넣고 ③의 알전과 준비한 야채를 한 번에 집어 넣는다.

○ 조리 포인트

알전은 명란젓과 다진 야채·두부의 양이 비슷해야 맛이 부드럽다. 알전을 부칠 때 밀가루가 너무 많이 묻으면 맛이 딱딱해지므로 묻는 둥 마는 둥 살짝 굴린다. 멸치국물을 낼 때 말린 새우를 넣으면 한결 단맛 나는 육수를 만들 수 있다.

게 찌개

■ 재 료

꽃게 ································ 2마리   배추 ································ 6잎

시금치 ····························· 1/2단

◆국물

다시마 ···························· 20cm   흰된장 ···························· 1큰술

물 ································· 4컵

● 만드는 법

① 꽃게는 싱싱한 것으로 골라 솔로 살살 문질러 씻고 다리 끝부분은 잘라 버린다. 등딱지와 집게발을 뗀 후 몸통을 토막내는데 칼로 단번에 내리쳐야 쉽게 잘

라진다.

② 배추와 시금치를 각각 손질해서 삶은 다음 찬물에 헹궈 물기를 꼭 짠다.

③ 김발 위에 배춧잎 2장을 넓게 펴고 앞쪽에 시금치를 얹어 돌돌 말아 3cm 길이로 썬다.

④ 국물을 만든다. 먼저 찬물 4컵에 다시마를 넣고 5분 정도 팔팔 끓이다가 다시마는 건져낸다.

⑤ ④에 흰된장을 풀어 넣고 손질한 게와 ③의 배추말이를 넣고 게껍질이 발갛게 될 때까지 끓인다.

○ 조리 포인트

게를 조리할 때 먹기 좋게 토막을 내고 집게발에 칼집을 내어 두면 살을 쉽게 발라 낼 수 있어 먹기에 편하다. 위처럼 맑은 게찌개도 맛있지만 끓는 물에 고추장과 된장을 3:1 비율로 풀고 고춧가루를 넣어 얼큰하게 끓여도 별미. 이때 애호박이나 무 등의 야채를 넣으면 더 시원하고 구수한 꽃게탕을 즐길 수 있다.

김치 찌개

■ 재 료

배추김치	1포기	쇠고기 다진 것	150g
연두부	1개	굴	조금
팽이버섯	조금	송이버섯	조금

93

미나리 ···························· 조금	쑥갓 ······························ 조금
붉은고추 ························ 1개	대파 ······························· 1대
마늘 ···························· 3쪽	

육수 · 진간장 · 국간장 · 소금 · 식용유 · 양파즙 · 후춧가루

● 만드는 법

① 송이버섯, 파 1/2뿌리, 마늘 3쪽을 잘게 다져 다진 쇠고기와 고루 섞고 소금 · 후춧가루 · 진간장 · 양파즙을 넣어 간을 한다.

② 김치는 양념을 털고 5cm 길이로 썰어 줄기 쪽은 조금씩 냄비에 돌려 담고 잎사귀는 접시에 담아 식용유를 조금 뿌려 둔다.

③ ②의 김치 잎에 ①의 재료를 조금씩 놓고 한 입

크기로 쌈을 싼다.

④ 전골냄비에 ③을 돌려 담고 연두부에 소금 · 후
춧가루를 뿌려 간을 한 후 가운데에 살며시 놓는다.

⑤ 팽이버섯 · 파 · 미나리 · 붉은고추 · 쑥갓도 깨끗
이 손질하여 ④에 돌려 담는다.

⑥ 굴을 연두부 위에 소담스럽게 얹는다.

⑦ 육수는 진간장 · 국간장 · 소금으로 간을 맞춘 후
재료가 잠길 정도로 냄비에 붓고 끓인다.

○ 조리 포인트

김치에 식용유를 뿌리면 김치의 맛이 부드러워진
다. 보통 두부 대신 연두부를 넣으면 맛이 한결 부드
럽다. 김치찌개를 끓일 때 쑥갓 · 미나리 등 향이 진한
야채는 많이 넣지 않도록 주의한다. 김치의 향기가 중
요하기 때문이다.

호박 젓국 찌개

■ 재 료

애호박	1/3개	두부	1/6모
붉은고추	2개	실파	조금
마늘	2쪽	새우젓국	2큰술
물	2.5컵	소금	조금
참기름	조금		

● 만드는 법

① 애호박은 4등분하여 도톰하게 썬다. 두부도 4등분한다.

② 고추는 어슷하게 썰고 실파는 3cm 길이로 썬다.

③ 끓는 물에 소금을 약간 넣고 애호박과 고추, 채친 마늘을 넣고 끓인다.

④ ③에 두부를 넣어 한소끔 끓으면 실파를 넣고 새우젓국과 참기름 한 방울을 넣어 잠시 끓인 다음 불을 끈다.

○ 조리 포인트

  냄비의 모양과 크기는 맛있는 찌개요리를 하는데 중요한 조건이 된다. 생선과 같이 모양이 부서지기 쉬운 재료는 넓고 평평한 그릇이 좋고, 오래 끓이면서 먹는 요리는 반대로 깊이가 깊은 냄비를 사용해야 국물의 증발을 막을 수 있기 때문이다. 어느 찌개요리를 하든지 냄비는 찌개 재료가 넉넉히 들어가는 크기를 선택해야 열의 침투도 골고루 되고 넘쳐서 지저분해지는 것을 방지할 수 있다. 작은 냄비에 적은 양의 찌개를 끓일 경우 재료는 냄비의 1/2 정도만 담도록 한다.

무장국

■ 재 료

무	1개	쇠고기	100g
참기름	1큰술	마늘 다진 것	2작은술
물	8컵	청장	조금
파	1대		

◆쇠고기 양념

소금	1작은술	참기름	1작은술
후춧가루	조금	마늘 다진 것	1작은술

● 만드는 법

① 무는 깨끗이 씻어서 3cm 폭으로 토막을 내고 3cm×2.5cm의 네모꼴로 납작납작하게 썬다.

② 쇠고기는 채썰어서 분량의 소금·참기름·후춧가루·마늘을 넣고 고루 무친다.

③ 냄비에 참기름을 두르고 ②의 쇠고기를 볶아 색이 변하면 썬 무와 다진 마늘을 넣고 볶는다. 전체에 고루 기름이 퍼지면 물을 붓고 센 불에서 끓인다.

④ 끓어 오르기 시작하면 위에 떠오르는 기름과 거품을 말끔히 걷어 내고 불을 약하게 줄여서 맛이 충분히 어우러질 때까지 끓인다.

⑤ 무가 익으면 청장으로 간을 맞춘다.

⑥ 파를 채썰어 ⑤에 넣고 잠시만 더 끓여서 대접에 담아 낸다. 식성에 따라 후춧가루를 뿌려 먹어도 좋다.

○ 조리 포인트

무를 납작하게 썰어 고기와 함께 볶아 물을 부어 끓인 맑은 무국으로 이것을 무황볶기탕이라고도 한다. 양지머리를 덩어리째 끓이다가 무를 큰 토막으로 넣어 무를 때까지 서서히 끓이면 국물이 더 맑고 시원하다. 건더기는 익은 후 건져서 작게 썰어 담아 낸다.

배추속대국

■ 재 료

배추속대	300g	대파	1대
쇠고기	50g		

◆쇠고기 양념

파 다진 것 · 마늘 다진 것 · 참기름 · 후춧가루

◆국물

된장 ·························· 1.5큰술   고추장 ·························· 1/2큰술

쌀뜨물 ·························· 4컵

● 만드는 법

① 배추속대는 연한 것으로 준비하여 깨끗이 씻은 후 먹기 좋은 크기로 대강 썰어 놓는다.

② 쇠고기는 얇게 썰어 파 · 마늘 다진 것, 참기름 · 후춧가루로 고루 양념해 둔다.

③ 냄비에 ②의 양념한 쇠고기를 볶다가 고기가 익으면 준비한 쌀뜨물을 붓고 분량의 된장, 고추장을 넣어 다시 푹 끓인다.

④ 대파를 가늘게 채썰어 얹는다. 식성에 따라 고춧가루를 조금 넣기도 한다.

○ 조리 포인트

배추는 자체에 단맛이 있으므로 고추장이나 된장을 많이 풀지 않는 것이 좋다. 된장은 조리를 국물에 담근 채 연하게 푼다. 쇠고기 국물 대신 푹 고은 사골 국물을 이용해도 구수하다. 사골은 밑이 두터운 냄비를 준비해 사골과 물 · 파잎 · 조미료술을 넣고 2~3시간 푹 고아 만든다.

가자미 맑은 장국

■ 재 료

가자미	200g	쇠고기	200g
팽이버섯	1/2봉지	배추속대	조금
쑥갓	조금	미나리	조금
파	조금	붉은고추	조금
달걀 흰자	1개분	밀가루	조금

◆양념
국간장 · 진간장 · 흰후춧가루 · 마늘 · 양파즙

● 만드는 법
① 가자미는 뼈를 발라 내고 껍질째 5cm 길이로 토

막친다.

② ①의 가자미를 살 부분이 위로 오도록 접시에 담고 흰후춧가루와 양파즙을 뿌려 잠시 둔다.

③ ②에 밀가루를 뿌리고 달걀 흰자를 얇게 끼얹는다.

④ 프라이팬에 ③의 살 쪽만 살짝 지진다.

⑤ 끓는 물에 쇠고기 덩어리와 소금을 조금 넣어 푹 끓인 다음 체에 밭쳐 맑은 육수를 만든다.

⑥ 냄비에 육수 5컵을 붓고 국간장 · 진간장 · 소금을 조금씩 넣어 간을 맞춰 끓인다.

⑦ 파 · 붉은고추는 어슷 썰고 미나리는 파 길이로, 배추속대는 한 입 크기로 썬다.

⑧ ⑥의 육수가 끓으면 지져 놓은 가자미를 넣고 한소끔 끓으면 손질한 야채를 모두 넣는다.

○ 조리 포인트

지진 가자미는 껍질 쪽이 위에 오게 끓여야 살이 부서지지 않는다. 맨 마지막에 참기름 1/4작은술을 떨어뜨리면 비린내를 말끔히 없앨 수 있다.

미역국

■ 재 료

마른 미역 ·························· 50g   쇠고기 ·························· 100g

102

참기름 ······················ 2큰술	다진 마늘 ······················ 1큰술
물 ······························· 8컵	청장 ·······························

◆쇠고기 양념

소금 ······················ 1작은술	참기름 ······················ 1작은술
후춧가루 ······················ 조금	다진 마늘 ······················ 1작은술

● 만드는 법

① 마른 미역은 물에 재빨리 씻어서 다시 미역이 잠길 정도로 물을 부어 불린 다음 건져서 물기를 꼭 짜 5cm 길이로 썬다.

② 쇠고기는 채썰어 분량의 쇠고기 양념을 넣고 고루 무친다.

③ 냄비에 참기름을 두르고 ②의 쇠고기를 볶아 고

103

기가 익으면 이어서 미역과 다진 마늘을 넣고 볶아 전체에 고루 기름이 퍼지면 물을 부어 센 불에서 끓인다.

④ 펄펄 끓어 오르면 불을 약하게 줄여서 맛이 충분히 어우러질 때까지 끓이고 청장으로 간을 맞춘다.

○ 조리 포인트

미역국은 보통 쇠고기를 잘게 썰어 미역과 한데 볶아 끓여 먹지만 미리 양지머리나 사골 등을 고아 만든 국물에 미역을 넣어 끓여도 맛있다. 육류를 전혀 넣지 않고 조개나 홍합을 넣어 끓이기도 하는데 맛이 육류와 달리 산뜻하고 시원하다. 그외에도 참깨를 갈아 체에 밭쳐 뿌연 국물을 받아서 미역국을 끓이면 구수한 맛이 일품이다.

만두국

■ 재 료

육수	4컵	국간장	조금
붉은고추	조금		

◆만두피(40장 분량)

밀가루	2컵	물	1/2컵
소금	조금		

◆만두소

쇠고기	200g	두부	1/4모
부추	100g	다진 마늘	1큰술
다진 파	2큰술	깨소금	조금
참기름	조금	후춧가루	조금
소금	조금		

● 만드는 법

① 밀가루에 소금과 물을 넣고 반죽하여 비닐 봉지에 넣어 30분간 두었다가 치대어 곱게 반죽해서 지름이 7~8cm가 되게 밀어 만두피를 만든다.

② 쇠고기는 곱게 다진다.

③ 두부는 물기를 꼭 짜서 곱게 부슬러 넣고 부추는 송송 썰어 놓는다.

④ 넓은 그릇에 다진 쇠고기와 준비해 놓은 두부와 부추를 넣고 파·마늘·깨소금·후춧가루·소금·참기름으로 양념하여 만두소를 만든다.

⑤ 붉은 고추는 둥글게 썰어 놓는다.

⑥ 만두피에 ④의 소를 얹고 석류 모양이 되도록 주름을 잡아 꼭 아물린다.

⑦ 냄비에 물을 끓여 만두를 삶아 찬물에 건진 뒤 식혀 놓은 육수에 간을 하고 만두와 붉은 고추를 넣는다.

○ 조리 포인트

만두소는 어느 한 재료가 조금 많이 들어가도 맛이 달라지므로 재료의 혼합 비율에 특히 신경을 써야 한다. 만두피를 만들 때는 여러 번 치대어 반죽하는 것이 부드럽고 쫄깃쫄깃한 만두를 만드는 비결이다.

볶 음

양볶음

■ 재 료

양	300g	소금	2찻술
파	3뿌리	마늘	1쪽
생강	1.5찻술	후춧가루	3/4찻술

참기름	1큰술	실백	3큰술
계란	1개		

● 만드는 법

① 양은 소금으로 깨끗이 씻은 다음 가늘게 썰어서 갖은양념으로 재어 살짝 볶는다.

② 실백은 물을 약간 붓고 절구에 찧는다.

③ 잣물과 볶아 놓은 양을 한데 섞고 간을 맞추어 끓인다.

④ 계란은 지단을 붙여 채썰어 위에 뿌린다.

각색볶음

■ 재 료(5인분)

염통	500g	콩팥	500g
양	500g	처녑	500g
간	500g	표고	20g
양파	50g	소금	3찻술
파	5뿌리	마늘	5쪽
설탕	1큰술	후춧가루	1.5찻술
잣가루	1큰술		

● 만드는 법

① 처녑과 양은 안팎 껍질을 벗기고 소금으로 주물

107

러 여러 번 씻은 다음 앞뒤로 칼집을 낸 후 채로 썬다.

② 염통과 콩팥은 얇은 막을 벗기고 가늘게 채썰어 놓는다.

③ 위의 재료를 따로따로 양념한다.

④ 표고 · 양파도 채로 썬다.

⑤ 위의 것들을 각각 참기름에 볶아 겹겹이 담고 잣가루를 위에다 뿌린다.

은행볶음

■ 재 료

은행 · 꼬치

기름

● 만드는 법

① 은행은 겉껍질을 벗겨 기름에 볶아 종이에 싸서 비비면 속껍질도 벗겨진다.

② 이것을 꼬치에 3∼4개씩 꿰어 놓는다.

생치과전지

■ 재 료(5인분)

꿩	300g	절인 오이	3개
실고추	조금	실백(잣가루)	1찻술

양념(소금 · 참기름 · 잣가루 · 설탕 · 후춧가루 · 파 · 마늘)

● 만드는 법

① 꿩고기를 물에 여러 번 헹구어 피를 빼고 얇게 저며서 소금과 잣가루 · 설탕 · 후춧가루 · 파 · 마늘로 양념하여 참기름에 볶는다.

② 절인 오이는 껍질을 벗기고 얇게 썰어 잣가루 · 설탕 · 파 · 마늘 · 후춧가루로 양념을 하여 참기름에 볶는다.

③ 꿩고기와 오이 볶은 것을 합에 담고 실고추와 잣가루를 뿌린다.

이 생치과전지는 정월 초하루와 정월 보름날 먹는 음식이라고 전해지고 있다.

구 이

구이는 쇠가리 · 안심 · 등심 · 염통 · 콩팥 · 간 등을 얇게 저며서 안팎을 칼질해서 연하게 한 다음 양념장에 재어 놓았다가 식사 직전에 구워서 더운 김에 먹게 하는 것이다. 약포와 편포와 같이 쇠고기를 양념하여 햇볕에 말려 가지고 구이로 할 수 있다.

가리구이

■ **재 료**(5인분)

쇠가리	1.8kg	간장	9큰술
설탕	4큰술	배	반 개
마늘	3큰술	깨소금	3큰술
후춧가루	2.5찻술		

● **만드는 법**

① 쇠가리는 6~7cm 길이로 잘라 칼질하여 연하게 해서 양념한다.

② 배는 껍질을 벗겨 잘라 즙을 내어 양념한 쇠가리에 고루 섞어 배게 한다.

③ 식사하기 직전에 굽는다.

너비아니

■ **재 료**(5인분)

쇠고기	600g	간장	6큰술
설탕	3큰술	파	6뿌리
마늘	2쪽	생강	2쪽
후춧가루	1.5찻술	깨소금	4큰술
참기름	2큰술		

● 만드는 법

① 안심이나 등심의 연한 고기를 얇게 저며 칼로 자근자근 두드린다.

② 부드럽게 된 고기를 간장과 각종 양념으로 간맛추어 재어 두었다가 굽는다.

닭구이

■ 재 료(5인분)

닭고기	300g	소금	1.5찻술
마늘	1쪽	생강	약간
참기름	1찻술	깨소금	2찻술
설탕	2찻술		

● 만드는 법

① 닭고기는 저며서 잔칼질을 한다.

② 파 · 마늘은 곱게 다지고 생은 즙을 낸다.

③ 만들어 놓은 파 · 마늘에다 참기름 · 깨소금 · 설탕 · 소금을 넣고 닭고기를 재어 석쇠에 굽는다.

돼지고기 구이

■ 재 료

돼지고기 ························ 600g   고추장 ····························· 2찻술
양념(간장 · 생강 · 후춧가루 · 깨소금 · 참기름 · 파 · 마늘)

● 만드는 법

① 돼지고기는 살코기를 얇게 저며 칼등으로 가볍게 두드린다.

② 양념장을 만들어 저민 고기를 재운다.

③ 식사하기 직전에 석쇠에 구워 더운 것을 상에 놓는다.

112

생선구이

■ 재 료(5인분)

생선(민어 · 대구 · 병어 · 조기 · 도미 · 숭어)

생강즙 ····························· 1찻술

양념(간장 · 설탕 · 참기름 · 후춧가루 · 깨소금 · 파 · 마늘)

● 만드는 법

① 생선은 비늘을 긁고 내장을 뺀 다음 깨끗이 씻어 반으로 가르고 6~7cm로 자른다.

② 준비한 양념들로 양념장을 만들어 토막낸 생선을 재어 놓는다.

③ 석쇠를 미리 달구어 놓은 다음 기름을 바르고 재어 놓은 생선을 양념장을 바르면서 굽는다.

대합구이

■ 재 료(5인분)

대합	12개	대합살	500g
쇠고기	100g	두부	1/4모
계란	50g(1개)	밀가루	1큰술
소금	3찻술	파	5큰술
깨소금	2큰술	참기름	1큰술
후춧가루	1찻술	설탕	2큰술

지짐기름 ·························· 2큰술

● 만드는 법

① 대합살을 씻어 살짝 볶아 물기 없이 건져 칼로 다진다.

② 쇠고기는 곱게 다져 양념하여 약간만 볶는다.

③ 대합 · 쇠고기 · 두부를 섞어 소금간을 맞추고 갖은양념을 하여 대합껍질에 담아 밀가루와 계란을 발라 번철에 기름을 두르고 굽는다.

④ 계란이 익으면 석쇠에 젖혀 놓고 잠깐 구워서 초장을 곁들여 내놓는다.

더덕구이

■ 재 료(5인분)

더덕 ··························	400g
간장 ··························	3큰술
설탕 ··························	1.5큰술
깨소금 ··························	8찻술
참기름 ··························	4찻술
파 ·························· 4뿌리	마늘 ·························· 4쪽
고춧가루 ·························· 2찻술	

● 만드는 법

① 더덕은 시들지 않은 것으로 껍질을 벗겨 물에 담가 우린다.

② 우려낸 더덕을 세로로 둘이나 셋으로 쪼개서 도마에 놓고 칼등으로 두둘겨 살짝 삶는다.

③ 양념을 한데 넣고 간은 간장만으로 해도 되고 간장에 고추가루를 섞어서 쓰도록 하며 또 간장을 고추장에 풀어 양념장을 만들어도 좋다.

④ 양념장에 더덕을 무친 다음 약한 불로 구워 4cm 길이로 썰어 접시에 담는다.

산적과 누름적

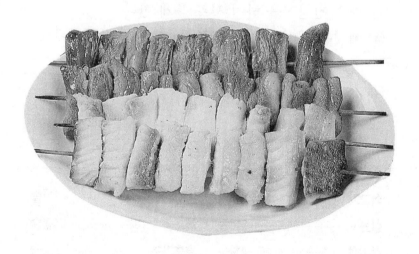

115

육산적

■ 재 료(5인분)

우둔고기	300g	간장	3큰술
설탕	0.5큰술	깨소금	2큰술
참기름	1큰술	후춧가루	조금
파	3뿌리	마늘	2쪽

● 만드는 법

① 연한 살코기를 1cm 두께로 떠서 잔칼질을 하고 5~6cm 길이로 연필 굵기만큼씩 썬다.

② 파·마늘·간장·설탕·후춧가루 등으로 양념장을 만들어 고기를 거기에 주물러 재운다.

③ 7cm 길이의 대꼬치로 고기를 꿰어 도마에 편편하게 놓고 잔칼질을 하여 서로 붙게 한다.

④ 이것을 석쇠에 놓고 굽는다. 혹은 프라이팬에 기름을 두르고 굽는 법도 있다.

어산적

■ 재 료

쇠고기	200g	간장	6큰술
설탕	3큰술	깨소금	4큰술
참기름	4찻술	후춧가루	1.5찻술

파 ······· 1뿌리	마늘 ······· 6쪽
잣가루 ······· 1큰술	민어 ······· 300g

● 만드는 법

① 민어를 살로만 5∼6cm 길이로 연필 굵기 정도로 썰고 쇠고기도 1cm 두께로 떠서 생선과 같은 크기로 썰어서 양념장에 잰다.

② 꼬치를 7cm 길이로 잘라 기름을 바른 후 고기와 생선을 번갈아 꿰어 도마 위에 놓고 칼등으로 자근자근 눌러서 한데 붙은 것처럼 만들어 석쇠에 굽는다. 접시에 담을 때는 그대로 담아도 좋고 꼬치를 가만히 돌려서 뺀 후 잣가루를 뿌리면 좋다.

송이산적

■ 재 료(5인분)

송이	300g	쇠고기	300g
간장	4큰술	설탕	2큰술
후춧가루	조금	깨소금	4큰술
참기름	4큰술	파	4뿌리

● 만드는 법

① 줄기가 단단하고 굵으며 갓이 펴지지 않고 둥글게 뭉쳐 있는 싱싱하고 우유빛 나는 깨끗한 송이를 골라 껍질을 벗기고 깨끗이 씻어 4cm길이, 6cm~8cm 두께로 자른다.

② 쇠고기는 송이와 같은 크기로 썰어 칼로 가볍게 두드려 연하게 한다.

③ 손질한 송이와 쇠고기를 양념장에 잰다.

④ 송이와 쇠고기 잰 것을 번갈아 가며 꼬치에 꿰어 석쇠에 살짝 굽는다.

⑤ 초장 또는 겨자를 찍어 먹는다.

파산적

■ 재 료

파	100g	쇠고기	100g

양념(간장 · 설탕 · 참기름 · 후춧가루 · 파 · 마늘 · 깨소금)

● 만드는 법

① 쇠고기는 7~8cm두께, 4~5cm길이로 썰어 칼로 가볍게 두드린 후 양념한다.

② 파는 깨끗이 씻어 4~5cm로 자른다.

③ 위의 것들을 번갈아 꼬챙이에 꿰어 석쇠에 굽는다.

화양적

■ 재 료(5인분)

쇠고기(우둔대접살) ········· 300g	당근 ··································· 1개
오이 ································· 1개	생도라지 ···························· 300g
잣가루 ···························· 1큰술	계란 ·································· 1개
갖은양념		

● 만드는 법

① 쇠고기는 6cm 길이로 썰어 양념하여 볶는다.

② 도라지는 소금물에 살짝 삶아서 쇠고기와 같은 길이로 잘라 양념하여 참기름에 볶는다.

③ 오이는 도라지 크기로 썰어 소금에 절인다.

④ 당근은 같은 크기로 썰어 소금물에 살짝 데친다.

⑤ 위의 재료들을 차례대로 꼬치에 꿰어 굽는다.

두릅적

■ 재 료(5인분)

두릅	400g	쇠고기	100g
밀가루	3큰술	계란	2개
기름	3큰술		

양념(설탕 · 깨소금 · 참기름 · 후춧가루 · 파)

● 만드는 법

① 두릅은 삶아 껍질을 벗기고 5~6cm 길이로 자른다.

② 쇠고기는 연하게 저며 5cm 길이로 연필 굵기로 자른다.

③ 양념장을 만들어 두릅과 쇠고기를 각각 무쳐 꼬치에 번갈아 꿴다.

④ 꼬치에 꿴 것을 밀가루를 묻힌 다음 계란에 굴려 프라이팬에 지져낸다.

김치 누름적

■ 재 료

배추김치	1포기	쇠고기	150g
표고	4개	느타리	4개
파	1단	밀가루·지짐 기름·양념	
계란	1개		

● 만드는 법

① 쇠고기는 5cm 길이와 7~8cm 굵기로 썰어서 칼로 자근자근 두둘겨 양념에 잰다.

② 표고·느타리·파 등도 쇠고기와 같은 크기로 썰어서 양념한다.

③ 배추김치도 쇠고기와 같은 길이로 썰어 놓는다.

④ 쇠고기와 배추김치 · 표고 · 느타리 · 파 등의 산적감을 꼬챙이에 꿰어서 밀가루와 계란을 씌워서 번철에 지진다.

미나리 누름적

■ 재 료

쇠고기	70g	미나리	2단
계란	2개	밀가루 · 기름 · 양념	

● 만드는 법

　① 쇠고기는 5cm 길이, 6~7cm 두께로 썰어 칼로 두드려 양념에 잰다.

　② 미나리는 깨끗이 다듬어 끓는 물에 살짝 데친 다음 5cm 길이로 자른다.

　③ 쇠고기 잰 것과 미나리를 꼬챙이에 꿰어 밀가루 · 계란의 순으로 씌우고 프라이팬에 지진다.

잡누름적

■ 재　료(5인분)

곤자소니	80g	양	80g
전복	80g	해삼	80g
송이	100g	움파	50g
당근	50g	간장	4큰술
설탕	2큰술	깨소금	2큰술
후춧가루	2찻술	파	3뿌리
마늘	3쪽		

● 만드는 법

　① 곤자소니 · 양 · 전복 · 해삼 등은 다 삶아서 6~7cm 길이로 연필 굵기만큼씩 썰어서 양념한다.

　② 당근도 고기와 같은 크기로 썰어서 소금물에 삶아 양념하고, 송이도 같은 크기로 썰어 양념장에 무친

123

다. 움파도 같은 길이로 살짝 데쳐 놓는다.

③ 여러가지 재료를 꼬치에 꿰어 가장자리를 다듬어 접시에 돌려 담는다.

확 초

초(炒)는 볶는다는 뜻으로 하나의 조리법이다. 해산물 중에서 전복이나 홍합을 가지고 단간장으로 조려서 끝에 가서 녹말가루를 넣어 아주 국물이 흐르지 않게 되고 또 윤이 나게 한다.

또 숙실과 중에 대추초·밤초가 있는데, 이것은 꿀을 넣고 달게 조렸다는 뜻이다.

전복초

■ 재 료

전복	200g	쇠고기	100g
진간장	2큰술	생강	1쪽
잣가루	1큰술	참기름	1큰술
설탕	1큰술	후춧가루	조금

● 만드는 법

① 말린 전복은 따뜻한 물에 불린 다음 오래도록 삶

아 연하게 한다.

② 삶은 전복은 얇게 저민다.

③ 쇠고기는 납작하게 썰어서 물에 덮일 만큼 물을 붓고 끓인다.

④ 여기에 전복을 넣고 물이 거의 다 졸도록 끓인다.

⑤ 나머지 간장과 양념을 넣고 다시 조린다.

⑥ 졸깃졸깃 윤택이 나며 까맣게 졸여지면 접시에 담고 잣가루를 뿌린다.

홍합초

■ 재 료(5인분)

홍합	10개	참기름	1찻술
녹말가루	1찻술	진간장	1큰술
설탕	2찻술	소금	1찻술

● 만드는 법

① 홍합은 물에 충분히 불린 다음 간장과 물을 넣고 끓인다.

② 홍합의 빛깔이 거무스름해지면 설탕·참기름·깨소금을 넣고 약한 불에 조린다.

③ 녹말가루를 물에 개어 넣고 조금 더 졸인다.

조 림

조림이란 풋고추나 두부·감자 같은 것을 기름에 지져 가지고 간장을 부어서 조려 깨소금·후춧가루를 뿌린 것을 말한다.

여름철에 음식이 상하기 쉬운 때에 간을 짜게 해서 조리면 상하지 않고 오래 두고 반찬을 할 수 있다.

생선조림

■ 재　료(5인분)

쇠고기	100g	간장	3큰술
생강	반 쪽	파	2뿌리
실고추	약간	생선(민어·조기·도미·비웃)	300g
양념(설탕·깨소금·참기름·후춧가루·파·마늘)			

126

● 만드는 법

① 생선은 비늘을 긁고 내장을 빼어 씻은 후 6~7cm 크기로 자른다.

② 쇠고기는 양념하여 생선 위에 얹고 파·설탕·참기름·깨소금·실고추를 위에다 뿌린다.

③ 양념 위에 간장을 붓고 조린다.

육장(장조림)

■ 재 료

쇠고기(차돌박이·사태·우둔·쇠악지) · 600g		간장 ················· 1/2컵	
설탕 ····················· 3/4컵		후춧가루 ·············· 5/1찻술	
생강 ························ 15g		통고추 ···················· 1개	
파 ······················,····· 1뿌리		마늘 ······················· 1쪽	

● 만드는 법

① 고기는 기름기 없는 것으로 큼직하게 토막쳐 물을 붓고 한바탕 끓인다.

② 끓는 국물 위에 뜬 기름을 걷어내고 국물을 따른다.

③ 생강·파·마늘·통고추 등을 얄팍하게 썰어 넣고 간장을 부어 다시 조린다.

풋고추조림

■ 재 료

풋고추	100g	쇠고기	80g
계란	1개	밀가루	약간
파	약간	잣가루	약간

갖은양념(설탕 · 간장 · 후춧가루 · 깨소금 · 참기름 · 파 · 마늘)

● 만드는 법

① 풋고추는 반으로 갈라 반은 통으로 씻어 간장 · 설탕 · 파를 넣고 조린다.

② 나머지 풋고추는 반으로 쪼개 씨를 빼고 쇠고기를 다져 양념한 것으로 속을 박는다.

③ 이것을 밀가루와 계란에 차례로 씌워 프라이팬에 지진다.

④ ①과 ③을 함께 넣고 조린 다음 깨소금과 잣가루를 뿌린다.

콩조림

■ 재 료

콩	2컵	간장	1컵
설탕	4찻술	참기름 · 깨소금 · 파 · 생강	

● 만드는 법

① 콩을 깨끗이 씻어 인다.

② 콩에다 간장과 물을 섞어 넣고 끓인다.

③ 여기에 설탕·기름·깨소금·파·생강 등 양념을 넣고 섞은 후 오래 졸인다.

감자조림

■ 재 료

감자 ····························· 200g   쇠고기 ····························· 100g

파·소금·참기름·설탕·잣가루

양념(간장·설탕·후춧가루·깨소금·파·마늘·참기름)

● 만드는 법

① 감자는 껍질을 벗기고 납작납작 썰어서 양념에 재서 냄비에 담고, 감자 절인 것도 씻어서 함께 넣고, 간장과 파를 넣고 조리다가 참기름·설탕·깨소금·잣가루를 뿌린다.

② 감자는 부서지기 쉬우므로 자주 씻지 않는 것이 좋다. 그리고 감자는 한 번 소금에 절여서 조리면 부서지지 않는다.

장아찌

장아찌는 장과라고도 하는데 오히려 무·열무·미나리·배추속대 같은 것을 소금에 절이거나 햇볕에 말려서 물기를 빼고 쇠고기와 함께 넣고 볶아서 실고추·참기름·깨소금을 넣어 버무린 것이다.

마늘장아찌

■ 재 료
마늘(4월말~5월말)·식초·설탕·간장

● 만드는 법
① 마늘은 속대가 생기지 않은 연한 것을 다듬어 꼭지만 자르고 항아리에 넣고 돌로 눌러 둔다.
② 빙초산에 물과 설탕을 타서 마늘이 잠길 정도로 붓고 꼭 봉해서 20일 가량 담가 둔다.
③ 20일 후에 초물을 2/3쯤 따라 버리고 간장을 마늘이 잠기도록 붓고 꼭 봉해 둔다.
④ 1개월쯤 되면 먹을 수 있으나 오래될수록 맛이 난다.

고추장아찌

■ 재 료

삭힌 고추 ······················ 200g   마늘 ···································· 1통

생 ·· 1쪽

진간장 · 실고추 · 설탕 · 화학조미료

● 만드는 법

① 삭힌 고추를 항아리에 담고 진간장을 붓고 이 간
장 국물을 두세 번 끓여 붓는다.

② 고추에 마늘 · 생 · 실고추 · 설탕 · 화학 조미료를
넣고 버무린 후 꼭 눌러 놓는다.

③ 여기에 다시 간장을 부어 놓는다.

열무장아찌

■ 재 료

열무 ································· 5단   쇠고기 ······················· 100g

파 ·· 1단

소금 · 양념(간장 · 설탕 · 후춧가루 · 깨소금 · 참기름 · 파 · 마늘)

● 만드는 법

① 열무는 다듬어서 씻어 4~5cm 길이로 잘라 소
금에 절인다.

② 쇠고기는 보드랍게 다져서 양념하여 볶는다.

③ 열무 절인 것을 짜서 볶은 쇠고기 · 참기름 · 설탕 · 깨소금을 넣는다.

미나리장아찌

■ 재 료

미나리 ································· 5단   쇠고기 ································· 80g

생강 · 양념(간장 · 설탕 · 후춧가루 · 깨소금 · 파 · 마늘)

● 만드는 법

미나리를 다듬어서 5cm 길이로 잘라 끓는 물에 살짝 데치고 쇠고기는 채로 썰어 양념하여 볶아 미나리와 같이 무친다.

참기름과 설탕을 쳐서 달콤하게 한다.

자 반

자반은 김이나 미역 같은 것에 양념장을 발라서 말려두고 먹을 때 석쇠에 굽거나 기름에 튀겨서 반찬으로 하는 것이다.

매듭자반

■ 재 료
다시마 ······························ 3오리   실백 · 설탕 · 기름

● 만드는 법
　다시마를 동치미국에 축여서 보자기에 꼭 싸놓았다
가 5~6cm 길이와 2cm 폭으로 썰어서 한 오리씩 실
백을 속에 넣고 펄펄 끓는 기름에 넣고 튀긴다. 뜨거
울 때 설탕과 잣가루를 뿌린다.

미역자반

■ 재 료
미역 ································ 5장   설탕 · 잣가루 · 기름

● 만드는 법
　① 미역은 깨끗한 행주로 모래를 잘 닦고 잘게 썰어
기름에 튀긴다.
　② 뜨거울 때에 미역에다 설탕과 잣가루를 뿌린다.

김자반

■ 재 료

김 ································· 10장   간장 ································· 3찻술

깨소금 · 설탕 · 참기름 · 고춧가루

● 만드는 법

① 깨소금 · 간장 · 설탕 · 고춧가루 · 참기름으로 양
념간장을 만들어 김에 바른다.

② 여기에 잣가루를 뿌리고 채반에 널어 말린다.

③ 바짝 마르면 석쇠에 놓고 살짝 구워 가지런히 베
어 상에 올린다.

튀각과 부각

튀각은 다시마를 기름에 튀겨서 설탕과 잣가루를
뿌리는 조리법이다.

부각은 김이나 가죽나무 어린 잎이나 김 · 깻잎 등
에 찹쌀풀을 발라서 말려 두고 기름에 튀기는 조리법
이다.

다시마튀각

■ 재 료
다시마 ····························· 5오리   설탕 · 잣가루 · 기름

● 만드는 법
　다시마를 동치미국 또는 소금물에 축여서 보자기에 꼭 싸놓았다가 행주로 닦아서 4~5cm 길이로 잘라 기름이 펄펄 끓을 때에 튀겨 가지고 설탕과 잣가루를 뿌려서 상에 놓는다.

김부각

■ 재 료
김 ····························· 10장   찹쌀가루 ························· 3찻술
설탕 · 후춧가루 · 소금 · 고춧가루 · 기름

● 만드는 법
　① 찹쌀가루로 되직하게 풀을 쑤어서 설탕 · 후춧가루 · 소금 · 고춧가루에 간을 맞춘다.
　② 김을 두 장으로 접어서 한쪽에 찹쌀풀을 발라 말려두고 쓸 때에 기름에 튀겨서 접시에 보기 좋게 담아 놓는다.

포와 마른 찬

약 포

■ 재 료(5인분)

쇠고기(우둔살) ·············· 600g   진간장 ···························· 4큰술

설탕 ····························· 3큰술   잣가루 ···························· 1큰술

후춧가루 ····················· 1/2찻술

● 만드는 법

① 기름이 없는 고기로 구이고기보다 두껍고 넓게 썬다.

② 양념장을 만들고 고기에 간이 배도록 잰다.

③ 채반에 기름을 바르고 그 위에 고기를 펴 널어 볕에 말린다.

④ 한나절 말린 후에 간장을 발라 뒤집어서 말린다. 이와 같이 3~4일을 말린다.

⑤ 밥반찬으로 할 때는 살짝 구워 두드린 후 3~ 4cm로 잘라 참기름에 무치고 잣가루를 뿌린다.

어 포

■ 재 료

생선(민어 · 대구 · 명태) · 1마리   간장 ······························ 4찻술

후춧가루	1찻술	설탕	1찻술
참기름	1찻술		

● 만드는 법

① 생선은 비늘을 긁고 뼈와 내장을 뺀 후 살을 넓게 떠서 양념장에 재운다.

② 채반에 기름을 바르고 양념에 재운 생선을 펴서 말린다.

③ 자주 뒤집어서 안팎을 골고루 말린다.

어 란

● 만드는 법

① 민어알을 깨끗이 씻어 건져 놓는다.

② 하루쯤 절여 볕에 말린다.

③ 꾸덕꾸덕할 때 걷어 종이로 싸서 차곡차곡 두었다가 볕에 하루쯤 말려 종이로 싸 둔다. 이렇게 몇 번 거듭한다.

④ 얇은 허물을 벗기고 참기름을 바른다.

⑤ 쓸 때는 5mm 두께로 썰어 마른 찬과 곁들여 담고 고추장에 찍어 먹는다.

생채와 숙채

도라지 생채

■ 재 료(5인분)

도라지	150g	오이	1개
고추장	2찻술	식초	1.5찻술
설탕	1찻술	파	2뿌리
마늘	1쪽	참기름	1찻술
고춧가루	2찻술	깨소금	1찻술

● 만드는 법

① 도라지는 소금에 주물러 빨아 꼭 짠다.

② 오이는 어슷하게 가지런히 썰어 소금에 절여 꼭 짠다.

③ 도라지와 오이를 고추장 양념으로 무친다.

겨자채

■ 재 료(5인분)

양배추	50g	미나리	1단
당근	30g	편육	50g
전복	100g	해삼	100g

밤	5개	배	반 개
실백	1찻술	소금	1큰술
겨자즙	조금		

● 만드는 법

① 겨자즙은 초 2큰술, 설탕 3큰술, 겨자 2큰술을 넣고 잘 개어 만든다.

② 양배추 · 미나리 · 오이 · 당근은 잘 씻어 채로 썬다.

③ 편육 · 전복 · 해삼 · 배는 4~5cm 길이, 1cm 두께로 납작하게 썬다.

④ 밤은 껍질을 벗겨 납작하게 썬다.

⑤ 위의 재료들에 겨자즙을 넣고 잘 버무린 다음 설탕 · 식초 · 소금을 넣고 다시 버무린다.

⑥ 접시에 시원하게 담고 위에 실백을 뿌린다.

취나물

■ 재 료(5인분)

취	200g	간장	2큰술
마늘	1쪽	깨소금	1큰술
쇠고기	50g	파	1뿌리
고추	반 개	후춧가루	1/4찻술
기름	1큰술	물	반 컵

● 만드는 법

취를 삶아서 물에 우려 쓴맛을 빼고 물기를 꼭 짠다.

고기는 곱게 다져서 양념하여 볶다가 고기가 익으면 취를 함께 넣고 다시 더 볶아서 간을 맞추고 깨소금을 뿌린다.

잡 채

■ 재 료

쇠고기	150g	전복	1개
돼지고기	100g	당면	50g
당근	1개	미나리(시금치)	1단
표고	1개	석이	3개
목이	5개	양파	2개

계란 ·············· 1개   실백 ·············· 1찻술
양념(간장 · 소금 · 후춧가루 · 깨소금 · 파 · 마늘 · 설탕 · 참기름)

● **만드는 법**

① 당면은 끓는 물에 삶아 물기 없이 소쿠리에 건진다.

② 쇠고기와 돼지고기는 채로 썰어 양념하여 볶는다.

③ 전복은 얇게 저며 채로 썬다.

④ 당근 · 미나리는 채로 썰어 끓는 물에 소금을 조금 넣고 살짝 데친다.

⑤ 표고 · 석이 · 목이 · 양파는 채로 썰어 양념해 볶는다.

⑥ 계란은 흰자 · 노른자를 각각 지단을 부쳐 채로 썬다.

⑦ 위의 재료들을 당면과 함께 넓은 그릇에 넣고 양념하여 고루 무친다.

⑧ 접시에 담고, 계란 지단을 실백과 함께 위에 얹는다.

구절판

■ 재 료(5인분)

쇠고기	200g	전복(또는 죽순)	200g
당근	300g	표고(또는 송이)	5~6개
석이	20g	오이(또는 애호박)	2개
계란	2개	밀가루	2컵
물	3컵	소금	5찻술
설탕	3큰술	참기름	1.5큰술
후춧가루	1찻술	깨소금	3큰술
파	1뿌리	마늘	3쪽

겨자(물 · 설탕 · 식초 · 소금으로 갠 것)

● 만드는 법

① 쇠고기와 전복 · 표고 · 석이 등은 잘 씻어 가늘게 채썰어 양념(소금 · 간장 · 후춧가루 · 깨소금 · 참기름 · 파 · 마늘)하여 따로따로 볶는다.

② 애호박이나 오이는 껍질을 벗겨 가늘게 채썰어 소금을 뿌려 살짝 절인 다음 양념(후춧가루 · 잣가루 · 마늘 · 참기름)하여 살짝 볶는다.

③ 당근은 채썰어 소금물에 데친다.

④ 밀가루는 물에 풀어 밀전병을 얇게 부쳐 구절판 가운데에 담도록 종지 같은 것으로 둥글게 오린다.

⑤ 계란은 흰자 · 노른자를 갈라 지단을 부쳐 가늘

게 채썬다.

⑥ 위의 여러 가지들을 색깔을 맞추어 보기 좋게 구절판 그릇에 담고 가운데는 밀전병을 담는다.

⑦ 상에는 겨자와 함께 낸다.

김 치

우리나라 요리 중에서 김치는 조석으로 차리는 반상이나 큰 연회상 같은데 필연적으로 있어야 하는 것이다.

그리고 이 김치만은 가장 특수한 한국요리라고 할 수 있으며, 계절과 재료에 따라 조리법에도 여러 종류가 있다.

석박지(김장)

■ 재 료

무 ······························ 20개   배추 ······························ 20통

갓 · 미나리 · 배 · 밤 · 젓국 · 파 · 마늘 · 생강 · 청각 · 굴 · 고추

● 만드는 법

배추와 무를 썰어서 심심하게 절여 가지고 여러가
지 양념을 넣고 버무려서 비늘김치를 사이사이 넣으
면서 독에 담고 돌로 눌러서 젓국을 붓고 꼭 봉한다.

동치미

■ 재 료

무 ···························· 900g		오이 ···························· 5개	
배 ···························· 2개		통고추 ···························· 4개	
소금 ···························· 2컵		설탕 · 파 · 마늘 · 생강	

● 만드는 법

① 무는 연하고 몸매가 고운 것으로 길이 3~4cm,
두께 1cm로 도톰하게 썰어서 절인다.

② 오이는 속씨가 생기지 않은 어린 것으로 무와 같
은 크기로 썰어 소금을 조금 뿌려 둔다.

③ 배는 껍질을 벗기고 씨를 뺀 뒤 오이와 같은 크

기로 썬다.

④ 통고추의 씨를 뺀 다음 네 쪽으로 쪼개고 파는 길쭉길쭉하게 썰고 생강과 마늘은 얄팍하게 썬다.

⑤ 무와 오이 절인 것을 항아리에 담고 파·마늘·생강·배 등을 넣고 돌로 누른다.

⑥ 무를 절인 소금물에 물을 타고 소금과 설탕으로 간을 맞추어 김치 항아리에 붓고 봉해 둔다.

나박김치

■ 재 료

무	2개	미나리	1단
파	약간	생강	약간
실고추	약간	설탕	약간
소금	약간		

● 만드는 법

① 무는 네모지고 얄팍하게 썰어 소금에 절인다.

② 무가 절면 다른 그릇에 건져 담고 실고추·파·생강을 넣고 버무려 항아리에 담는다.

③ 따뜻한 물에 소금과 설탕을 풀어 간을 맞추고 붓는다.

④ 미나리는 김치가 다 익은 후에 깨끗이 씻어 소금물에 잠깐 담가 숨을 죽였다가 다시 물에 씻어 김치

항아리에 넣는다.

열무김치

■ 재 료

열무	10단	오이	5개
미나리	1단	고춧가루	조금
파	조금	마늘	조금
생강	조금	밀가루	조금
소금	조금		

● 만드는 법

① 열무와 미나리는 깨끗이 다듬어 3~4cm 길이로 썰어 소금에 절인다.

② 오이는 4토막으로 잘라 칼집을 내고 파·마늘·고춧가루 등으로 속을 넣는다.

③ 항아리에 열무 절인 것을 양념에 버무려 한 켜 넣고 그 위에 오이를 넣는다.

④ 열무와 오이를 항아리에 다 넣었으면 돌로 눌러 놓고 소금물을 풀어 밀가루 끓인 것을 섞고 체에 걸러서 항아리에 붓는다.

보쌈김치

■ 재 료

배추	10통	무	3개
낙지	3마리	표고	5개
밤	10개	실고추	1컵
파	10뿌리	마늘	2통
생강	1톨	배	3개
미나리	2단	갓	2단
실백	1/4컵	젓국	1컵
설탕	반 컵	소금	1컵

147

● 만드는 법

① 배추를 4cm 길이로 자르고 잎사귀는 떼어 따로 절인다.

② 무는 네모나게 납작납작하게 썰어 소금에 절인다.

③ 배는 무와 같이 썰고 미나리 · 갓은 4~5cm로 자르고 밤은 납작하게 썰고 파 · 마늘 · 생강은 채썬다.

④ 배추줄기와 무 절인 것을 여러가지 양념에 버무린다.

⑤ 낙지는 껍질을 벗겨 4cm 길이로 자른다.

⑥ 배추잎을 두 잎씩 펴서 놓고, 버무린 김치를 한 보시기씩 놓고 잎사귀로 잘 싸서 김치독에 차곡차곡 담는다.

⑦ 김치국물은 소금물이나 젓국으로 간맞추어 붓는다.

배추 통김치(김장)

■ 재 료

배추	10통	무	5개
파	2단	미나리	2단
고춧가루	150g	실고추	150g
청각	300g	밤	1홉

| 배 ································· 2개 | 새우젓 ····························· 1컵 |
| 소금 ······························· 5컵 | |

● **만드는 법**

① 배추는 소금물에 절여서 하룻밤 두었다가 배추 속까지 완전히 절여 숨이 죽으면 깨끗이 씻어 물기를 뺀다.

② 무·미나리·갓 등은 채썰어 양념을 넣고 버무려 김치속을 만든다.

③ 밤과 배는 껍질을 벗겨 반은 납작하게 썰고 반은 채썰어 김치 속거리와 함께 섞는다.

④ 절여 놓은 배추의 줄기 사이사이에 속을 넣고 차곡차곡 독에 담고 우거지로 위를 덮는다.

⑤ 돌로 누른 다음 소금물을 붓는다.

오이소박이

■ 재 료

오이	10개	파	1뿌리
마늘	2쪽	생강	1쪽
고추	2개	물	2컵
소금			

● 만드는 법

① 오이는 소금으로 문질러 깨끗이 씻고 꼭지를 자른다. 5~6cm 길이로 잘라 양 끝을 2cm씩 남기고 열십자 또는 세 갈래로 쪼갠 다음 소금물에 절인다.

② 파·마늘·고추·오이를 곱게 다져 소금으로 간을 하고 오이 속에 넣는다.

③ 항아리에 차곡차곡 담고 열무나 배추를 절여 버무린 것을 위에 덮고 소금물을 슴슴하게 붓고 잘 덮어 둔다.

화 채

화채는 사철을 통해서 반식상(飯食床)에는 꼭 있어야 하고 또 식사하고 난 뒤에는 반드시 요구되는 것이다.

화채는 그 계절마다 생산되는 새로운 과실을 사용하는데, 싱싱한 과일을 골라서 씨를 빼고 적절한 모양으로 썰어서 화채 그릇에 담고 오미자물이나 꿀물을 붓고 실백을 띄워서 낸다.

봄철에는 창면 · 화면 · 가련수정과 · 앵두화채가 좋고, 여름철에는 보리수단 · 미수 · 복숭아화채가 좋다. 가을철에는 유자화채 · 식혜 · 배화채가 좋고, 겨울에는 배숙 · 수정과 · 떡수단 · 원소병 같은 것이 좋다.

창 면(봄 · 여름)

■ 재 료(5인분)

녹말	1컵	설탕	1/3컵
꿀	2큰술	오미자	반 컵
물	2큰술	치자	1개
실백	1큰술		

● 만드는 법

① 오미자는 하룻밤 찬물에 우려내어 고운 체로 걸러 설탕을 넣고 끓여서 식은 후에 꿀을 탄다.

② 녹말은 3컵의 물에 타서 치자로 노랑물을 만들어 섞고 풀을 쑤듯 쑤어 네모반듯한 그릇에 쏟아 굳힌다.

③ 이것을 가늘게 썰어 오미자 물에 띄우고 실백도

함께 띄운다.

유자와 배화채(가을)

■ **재 료**(5인분)

유자	1개	배	1개
설탕	2/3컵	물	1컵
실백	1큰술	석류	1/4개

● **만드는 법**

① 유자는 껍질을 넷으로 갈라 도마에 엎어 눌러 놓고 칼을 눕혀서 얇게 뜬다. 겉의 노란 부분과 속의 흰 부분을 따로 하여 가늘게 채썰어 흐트러지지 않게 한다.

② 배는 3mm 두께로 크게 썰어 다시 채로 썬다. 색이 변하지 않도록 설탕을 조금씩 뿌려 둔다.

③ 유자 속은 깨끗이 실을 뜯어 길이를 둘로 자른다.

④ 화채 그릇에 배채와 유자채를 가지런히 돌려 담고 유자 주머니도 사이사이에 끼워 석류 5~6알·실백 5~6개를 넣고 진하게 탄 설탕물을 옆으로 부어 건더기가 가만히 떠오르게 한다.

⑤ 유자의 신맛이 잘 우러난 다음에 마신다.

식 혜

■ **재 료**(10인분)

멥쌀	1컵
엿기름	반 컵
설탕	반 컵
물	10컵
실백	1큰술
생강	1쪽
유자	1/4개
석류	1/4개

● **만드는 법**

① 식혜밥은 고슬고슬하게 짓는다.

② 엿기름을 물에 타서 걸러 뽀얀 물을 뜨거운 밥에 버무려 따뜻한 곳에 뚜껑을 덮고 삭히면 밥풀이 3~4시간 후에 동동 뜬다.

③ 이것을 서늘한 곳에 옮기고 밥알만 찬 물에 헹구어 건진다.

④ 식혜물을 헹군 물과 한데 섞어서 설탕을 넣어 끓인 다음 차게 식힌다.

⑤ 식혜물에다 생강즙을 조금 넣고 유자를 얇게 저며 띄우고 석류알 5~6개와 실백을 몇 개 띄우고 건져

놓았던 밥알을 적당히 띄운다.

수정과(겨울)

■ 재 료

곶감	10개
생강	50g
설탕	2/3컵
통계피	1개
통후추	1큰술
실백 ······ 1큰술	물 ······ 10컵

● 만드는 법

① 생강은 씻어 얄팍하게 썰고 물을 부어 끓인 다음 체에 거른다.

② 여기에 설탕을 넣고 다시 끓인 다음 항아리에 붓는다.

③ 곶감은 씨를 빼고 생강 달인 물에 담가 서늘한 곳에 둔다.

④ 화채 그릇에 곶감을 두 개씩 담고, 생강 국물을 붓고 실백을 띄운다.

⑤ 생강물을 끓일 때에 통계피와 통후추를 넣어 매운 맛이 나게 하면 더욱 맛이 있다.

154

떡

백설기

■ 재 료

쌀	15컵	밤	10개
석이	6개	실백	2큰술
대추	10개	백설탕	300g
백지	2장	기름	1큰술

● 만드는 법

① 쌀 15컵을 물에 불려 깨끗이 씻어 건졌다가 가루

155

로 만든다.

② 쌀가루와 백설탕을 섞어 체에 거르고 석이는 끓는 물에 익혀 씻은 다음 채로 썬다.

③ 밤은 속껍질을 벗겨 얄팍하게 썰고 대추는 씨를 빼고, 큰 것은 다섯, 작은 것은 셋으로 쪼갠다. 실백은 속껍질을 벗겨 두 쪽으로 가른다.

④ 물은 시루에 앉힐 때는 솥의 반, 찜통에 찔 때는 솥의 붓는 선까지 붓는다.

⑤ 켜 사이에 넣을 기름종이를 칸막이로 하고 그 위에 쌀가루를 얹어 편편하게 한다.

⑥ 고명은 줄과 색을 맞추어 마음대로 놓는다.

⑦ 고명을 다 넣고 나중에 석이 채썬 것을 약간 뿌리고 다시 기름 종이를 덮고 또 가루를 뿌려 위와 같은 순서를 반복하여 여섯 켜로 만든다.

⑧ 불에 올려 놓아 김이 단번에 오르게 찐다.

찰시루떡(찰편)

● 만드는 법

① 찹쌀 가루에 콩 · 대추 · 밤 · 호박 · 곶감 · 귤병 등을 섞어 떡켜를 뿌리고 찐다.

② 겉의 고물은 팥 · 거피한 녹두 · 청대콩 등으로 하며 켜는 손가락 한 마디 반 정도면 된다.

인절미

■ 재 료

찹쌀	20컵	소금	3큰술
물	1컵	팥고물	3컵

● 만드는 법

① 찹쌀을 깨끗이 씻어 일은 다음 물에 담가 불린다.

② 불린 찹쌀을 소쿠리에 건져 물기를 빼고 찜통이나 시루에 넣어 찌는데 중간에 소금물을 뿌린다.

③ 이것을 절구에 넣고 찧거나 베보자기에 싸서 떡판에 넣고 대강 친 다음 보는 꺼내고 소금물을 손과 떡메에 발라 가며 친다.

④ 이것을 고물을 편 도마에 옮겨 놓고 눌러 1cm 두께로 편다. 이것을 다시 가로 3.5cm, 세로 5cm로 네모나게 잘라 고물을 묻힌다.

⑤ 쑥을 파랗게 삶아 꼭 짜서 밥을 칠 때 같이 찧으면 쑥인절미가 된다.

약 식

■ 재 료

찹쌀	5컵	밤	20개
대추	1컵	흰설탕	1.5컵
황설탕	1.5컵	꿀	1/4컵
참기름	1큰술	간장	2큰술
실백	반 컵	계피가루	1찻술

● 만드는 법

① 찹쌀을 씻어 일어 물에 흠뻑 불려 하룻밤 재웠다 건진다.

② 시루에 베보자기를 깔고 찹쌀을 넣어 김이 오르도록 불을 땐다. 김이 오르면 나무 주걱으로 뒤적여 빨리 익도록 한다.

③ 찹쌀이 쪄지는 동안 밤을 껍질째 설익도록 삶아 차게 식혀서 속껍질까지 벗긴 다음 두 쪽이나 네 쪽으로 쪼갠다.

④ 대추는 씨를 발라 물을 조금 붓고 푹 끓여서 거르고 대추살은 두 쪽이나 네 쪽으로 썬다.

⑤ 큰 그릇에 찹쌀을 쏟아 붓고 나무 주걱으로 헤치면서 대추씨 걸러 놓은 물·진간장·꿀·설탕을 넣어가며 골고루 버무린다.

⑥ 다음에 여기에다 대추를 골고루 뿌리고 참기름을 넣어 버무린다.

⑦ 이것을 알맞는 그릇에 옮기고 밤을 섞어 넣고 앉힌다.(오지그릇이 중탕하는 데 가장 적당하다.)

⑧ 큰 솥에 물을 붓고 오지그릇을 들여 앉힌다. 처음 2~3시간은 강한 불로 중탕하고 5~6시간 중간불로 은근하게 김을 낸다.

⑨ 합에 풀 때 계피가루를 조금씩 뿌리고 잣을 보기 좋게 얹는다.

장과 고추장

기본 조미료 중에서 가장 중요한 장을 담가 두는 곳이 장고이며, 민가에서는 장광이라 하여 정결하게 관리하는 곳이다.

장독은 우리가 흔히 보는 배가 부른 둥근 독이 아니고 말뚝항아리라는 아래로 내려가며 홀쭉해지는 새우젓독 같은 것이다. 넓은 전이 달렸고 유약을 바르지

159

않아 회색빛이 나는 키가 1m가 넘는 것이다. 독 밑에
는 든든한 판석을 깔고 나란히 열을 지어 놓았는데 장
담그는 연대순으로 장의 이름이 다르다.

진장(眞醬) · 중장 · 묽은 장(淸醬) · 고추장 · 된장
등으로 열을 지어 수십 개가 잘 정돈된다.

진 장

진장은 절메주라는 것으로 담는데, 이 메주는 음력
4월에 검정콩을 푹 삶아서 절구에 찧어 모가 지게 만
들어 풀을 베어 깔고 덮고 하여 단시일에 까맣게 띄우
는 메주이다.

● 만드는 법

① 5월 초에 메주를 깨끗이 씻어 말려 네 쪽으로 쪼갠다.

② 소금물은 다른 큰 독에 시루를 앉히고 소금을 넣고 물을 퍼부어 간국을 내리는데, 물 한 동이에 소금 3되를 풀고 콩 1말로 쑨 메주에 소금 4말을 잡는다.

③ 장을 담을 큰 독에 꿀 3숟가락과 참기름 3숟가락을 떠넣고 빨갛게 피운 백탄 덩어리를 5~6개 넣어 꿀과 기름이 타는 냄새와 연기가 독에 서리게 한 다음 소금물을 한 바가지 퍼붓고 메주 덩어리를 독바닥의 1/3정도까지 차곡차곡 채워 넣는다.

④ 그 다음부터는 장독 안 둘레로 우물 정(井) 자로 쌓아 올려 독전까지 가득하게 쌓는다.

⑤ 여기에다 풀어 놓았던 소금물을 겹체로 걸러 가득 부어 한 이레 동안 소금물이 메주에 스며들게 한다.

⑥ 그 다음에는 소금물을 떠내고 가장자리로 쌓은 메주를 다시 쌓는데, 사이사이의 구멍은 작은 메주덩이로 메우거나 집메주 된장을 양회 바르듯 발라 고정시킨다.

⑦ 맨 위에는 된장을 한번 발라 입히고 소금을 하얗게 뿌린 후 다시 떠낸 소금물을 붓는다.

⑧ 그 후에는 개인 날은 매일 볕을 보이고, 5월 초부터 6월 20일 경까지 장이 우러나게 둔다.

161

⑨ 이것을 가만히 떠내서 딴 독에 옮긴 다음 2차로 소금물을 부어 10월까지 우려서 다시 뜨면 중장(진장과 묽은장의 사이)이 된다.

한편 독전에 장물을 항시 채우는데, 이 절메주 된장은 색이 까맣고 맛이 이상하여 독을 비울 때면 먹지 않고 퍼 버렸다고 한다.

절메주 된장은 1년에 한두 번 조치를 만드는데, 이것을 절미 된장이라고 하여 수라상에 올렸다고 한다. 진장은 끈적거리고 빛이 까맣고 약식이나 전복초에 쓰면 달고 가무스름하게 윤이 난다.

중장 · 묽은장

중간장은 보통 음식에 많이 쓰이며 일반 집메주로 쑨다.

집메주는 음력 10월이나 동짓달에 흰콩으로 쑤어서 찧어 목침 모양으로 만들어 꾸덕꾸덕 마르면 메주 사이에 볏짚을 넣어 훈훈한 온돌방에서 띄우거나 짚으로 둘씩 엮어 매달고 겨우내 띄우기도 한다.

● 만드는 법
① 소금물은 물 1말에 소금 2되 정도면 되나 날씨가 더우면 소금의 분량을 조금 늘인다.
② 소금물을 독에 붓고 메주덩이를 듬성듬성 넣은

후 40일쯤 지나면 장이 우러난다.

③ 이때 메주를 건져 으깨면 노랗고 맛이 있는 된장이 된다.

④ 간장은 고운 체에 걸러 다른 독에 가득 채우고 부지런히 볕을 쪼인다.

메주 담그는 법은 정월에 담그는 소금물은 물 1말에 소금 2되면 된다. 일기가 더워질수록 소금의 분량을 늘여야 장맛이 변치 않는다.

순서는 소금물을 붓고 메주덩이를 듬성듬성 넣은 후 40일쯤 되면 장이 맛있게 우러난다. 이때 메주를 건져서 으깨면 노랗고 맛있는 된장을 얻게 된다. 간장은 고운 체에 밭여 다른 독에 가득히 채우고 볕을 부지런히 쬔다.

찹쌀 고추장

고추장 메주는 떡을 박아 떡메주로 하는 법도 있고, 집메주 가루로 하는 때도 많다.

● 만드는 법

① 메주가루를 볕에 말려 놓고 찹쌀을 물에 담갔다가 빻아 고운 가루로 만든다.

② 이 가루를 끓는 물로 반죽하여 손바닥만하게 반대기를 지어 끓는 물에 삶아 건진다.

163

③ 건져낸 반대기를 자배기에 담고 떡 삶던 물을 부으면서 큰 방망이로 저어서 멍우리를 푼다. 이것을 베보자기로 덮어 따뜻한 곳에서 하룻밤 재운다.

④ 찹쌀떡이 다 삭으면 메주가루를 넣고 꿀이나 조청을 넣어 달게 한다.

⑤ 메주가루를 넣어 떡이 삭은 다음에 소금이나 장으로 간을 맞춘다.

고추장은 작은 항아리에 나누어 담고 방망이를 하나씩 꽂아 놓고 매일 잘 저어서 고루 익게 한다. 초고추장과 붉은 고추장을 만들어 조치에 맵지 않게 푼다.

양 념

꿀 : 옛부터 쓰이던 감미료의 으뜸으로 약재로도 쓰이고

164

유밀과 만드는 데도 쓴다.

엿 · 조청 : 민간에서 들여와 꿀을 대신해서 쓴다.

설탕 : 고려 말에 원나라에서 수입하였다는 기록이 있으나, 조선 시대에는 궁이나 귀족 사이에 널리 보급되었다.

식초 : 술로 담근 양조초를 쓴다.

고추 : 여름에는 다홍고추를 이겨서 쓴다.

후추 : 고려 때 원나라 유구(琉球)에서 수입한 기록이 있다.

겨자 : 갓씨를 멥쌀 조금과 같이 물에 불려 풀매에 곱게 갈아 따뜻한 데 두었다가 매운 맛이 나면 식초 · 소금 · 설탕으로 간을 맞춘다.

깨소금 : 참깨를 씻어 절구에 넣고 껍질을 벗겨서 하얗게 볶아 빻고 여기에 소금을 섞어 쓴다.

기름 : 참깨로 짠 참기름만을 쓴다.

이같은 양념들은 모두 한방에서 약재로 쓰는 것으로 병치료에 효과가 있는 것을 음식에 적절하게 배합시켜서 그 맛과 향이 더욱 훌륭하게 만들어진 것이다. 병이 나서 식이요법을 하는 것보다 더 현명하다. 양념이라면 기본 조미료를 비롯하여 파 · 마늘 · 생강 · 방아잎 · 산초 · 천초 · 고추 등 매우 다양하다. 이것을 식품에 따라 그 종류와 분량을 달리하여 갖가지 음식 맛을 달리한다.

각 식품의 양념

쇠고기 : 구이·볶음 등 국물이 없는 조리법에는 파·마늘·후추·설탕·깨소금·간장을 쓰고, 국에는 설탕을 빼고, 포는 간장·설탕·후추만 쓴다.

돼지고기 : 쇠고기와 같지만 거기에다 새우젓국(제육)·고추장·생강이 더 들어간다.

닭고기 : 보통 소금으로 간하나 간장·새우젓국도 쓴다. 백숙에는 소금·후추만을 쓴다.

생선 : 특히 생강·고추장·고춧가루를 많이 쓰며, 조림·구이에는 설탕을 쓰나 국·찌개에는 넣지 않는다.

버섯 : 대개 고기와 함께 쓰므로 간장·참기름·깨소금·설탕을 쓴다.

나물 : 숙채(熟菜)는 소금·간장·고추장·파·마늘·깨소금·참기름을 쓰고, 생채(生菜)는 소금·식초·설탕·겨자를 쓴다.

고 명

모든 음식의 모양과 빛을 아름답게 해서 식욕을 돋우는 역할을 하는 것이다. 고명 또는 웃기·꾸미라고 한다. 간혹 양념과 고명을 혼동하여 말하는 사람이 많다.

잣가루·실고추·버섯·깨소금·고춧가루 등은 음

166

식에 섞거나 음식을 담고 위에 뿌리고 알지단이나 봉오리(완자) 등은 웃기로 쓴다. 음식 맛이나 간을 좌우하는 양념과 쌍벽을 이루는 것이다. 고명을 만드는 방법과 고명과 양념 쓰는 방법은 다음과 같다.

알고명 : 달걀의 흰자·노른자를 갈라 얇고 곱게 부쳐서 채 썰기도 하고 동그란 모양이나 장방형으로 썰어 색과 모양을 낸다.

알 쌈 : 달걀을 풀고 쇠고기를 곱게 다져 반달 모양으로 지진다.

봉오리 : 고기를 다져 소금으로 양념해서 콩알만큼씩 빚어 밀가루와 달걀을 씌워 기름냄비에 둥글둥글하게 지져 신선로·전골·찜의 꾸미로 얹는다.

미나리 고명 : 미나리대를 4~5cm로 썰어 소금에 절였다가 참기름으로 살짝 볶아서 쓴다.

마늘 고명 : 특수한 김치나 볶음·냉국 등에는 채로 썰고, 동치미·보쌈김치 등에는 납작하고 얇게 썰어서 쓴다.

다홍고추 : 나물·조림에는 채로 쓰고, 고명으로는 길쭉길쭉하게 썰고, 김치·깍두기에는 곱게 이겨서 쓴다.

버섯 고명 : 표고·목이·석이·느타리 등을 물에 불려 찜·탕·신선로·전골·나물에 주재료와 함께 쓰고 고명 노릇도 한다.

잣 : 실백·백자 등으로 부르며, 통잣·비늘잣(얇게 썬다)·잣가루(마른 종이에 놓고 칼로 잘게 썬다) 등을 각색 음식에 쓴다.

167

가루 만드는 법

밀가루(옛날엔 진말) · 메밀가루(蕎麥粉) · 녹말(綠末) · 당귀말(當歸末) · 계피말(桂皮末) 등 각색 가루를 많이 쓰는데, 소주방(燒廚房)에서 직접 만드는 것은 아니다. 그 중 몇 가지 만드는 법은 다음과 같다.

녹 말

녹두의 녹말인데, 궁에서는 〈녹만〉이라고 발음하고, 어채(魚菜 : 熱飼) · 청면(淸麵) · 어만두 · 녹말다식 등에 꼭 쓰인다. 지금 흔히 쓰는 감자나 고구마 녹말과는 하늘과 땅 차이가 있고, 아주 비싸다. 요즈음 〈가다가루〉라는 것을 녹말이라는 말 대신 쓰는 것 같은데 이는 일본말이다.

녹말을 만드는 시기는 봄에 나뭇잎이 피어나기 전에 녹말을 만들어야 삭지 않고 양이 많이 난다.

은 그릇에다 짠다. 다 짜낸 물을 가라앉혀서 하룻밤 재우면 녹말이 밑에 가라앉고 윗물이 맑아지는데 이 윗물은 딸아버리고 한지를 위에 덮고 나머지 물도 빨아들이게 한다.

그 다음에 대발에 한지를 깔고 앙금을 숟가락으로

168

떠내 널어서 바짝 말린 후 이것을 곱게 빻아 두고 쓴다.

녹말에 물을 타서 쑤면 제물묵이 되고 치자로 물들이면 노랑묵이 된다.

당귀말

당귀(當歸)라는 약초의 잎을 말려 가루로 만들어 다식등에 쓴다.

계피가루

중국에서 수입하여 썼는데 곱게 가루로 만들어 수정과·다식·단자에 쓰고 생강물로 수정과를 담글 때에는 통계피를 쓴다.

젓 갈

김치나 찌개에도 쓰고 반상에 오르는 갖가지 젓갈은 각지에서 진상품으로 들어오게 된다.

조기젓

5~6월에 담가 김장 때 젓국을 많이 넣는 젓국지 (배추통김치)를 담그는 데 쓴다.

새우젓

육젓을 구하여 젓국조치(찌개)에 쓰고 사철 김치에 간으로 쓴다.
특히 한겨울에 잡는 백하(白蝦)로는 젓을 삼삼하게 담가 머리와 꼬리를 떼고 수라상에 올린다.

과일주 담그기

포도주

■ 재 료
포도(알을 딴 것) ··············· 5관   설탕 ······························· 1관
소주 ······························ 1.8*l*

● 만드는 법
① 포도는 알을 따서 깨끗이 씻어 주둥이가 넓은 병에다 설탕과 켜켜로 7부까지 넣는다.

② 여기에 2부쯤 술을 넣고 오랫동안 놓아 둔다. 이때에는 헝겊을 말아서 마개로 쓴다.

③ 보름에 한 번씩 막대기로 휘젓는다.

④ 두 달 후에 헝겊으로 거르는데 처음에는 한 겹으로, 다음에는 두 겹으로 걸러 한 달 동안 놓아 둔다.

⑤ 병 밑에 앙금이 가라앉으면 이것을 다시 걸러 깨끗한 병에 넣고 오래 두어도 좋다.

딸기술

■ 재 료
딸기 ······························ 1kg   설탕 ················· 500~600g

171

소주 ……………………………… 1.8ℓ

● 만드는 법
① 딸기를 상처가 나지 않게 씻어 물기를 뺀 다음 꼭지를 딴다.

② 이것을 설탕과 켜켜이 병에 넣고 소주를 붓는다.

③ 하루에 3~4회씩 잘 저어 가면서 발효시킨다. 1개월 후엔 먹을 수 있다.

복숭아술

■ 재 료
복숭아(수밀도) ……………… 15개   설탕 …………………………… 15큰술
소금 ……………………………… 조금

● 만드는 법
① 복숭아는 깨끗이 씻어 씨를 빼고 껍질째 짓이겨 풀어지게 한다.

② 여기에 설탕과 소금을 넣어 항아리에 담고 꼭 봉한다.

③ 4~5일 후에 발효가 되어 물이 괴면 웃물만 따라 끓여 식힌 후 소독한 병에 담아 봉한다.

④ 남은 찌꺼기는 다시 물을 조금 부어 체에 걸러서 쓴다.

구기자술

■ 재 료

구기자 ························· 400g 설탕 ························· 500g

소주 ·························· 1.8l

● 만드는 법

① 구기자를 씻어 주머니에 넣어 병에 넣고, 설탕과 소주를 넣는다.

② 2개월쯤 밀봉해 두면 걸쭉한 적갈색의 술이 생긴다. 완전히 건조된 한약제의 구기자는 설탕을 넣지 말고 3개월 동안 저장한다.

술안주

돼지콩팥 편육

■ 재 료

돼지콩팥 ·························· 3개 닭뼈국물 ·················· 1/2컵

생강 ···························· 2톨 파 ························· 1뿌리

산초 ·························· 1큰술 계피 ······················ 2찻술

마늘 ·························· 3쪽

173

● 만드는 법

① 돼지콩팥을 30분 정도 물에 삶는다.

② 다른 냄비에 돼지콩팥 삶은 국물과 간장 1큰술 · 술 1큰술 · 생강 · 마늘과 파를 썰어 넣는다.

이때 산초와 계피는 딴 주머니에 넣어 준다.

③ 이 국물에 다시 콩팥을 넣어 조린다.

④ 국물이 다 졸으면 건져서 국화처럼 얇게 썰어서 접시에 담고, 국물을 약간 끼얹어 낸다.

빈대떡

■ 재 료

녹두	5홉	샐러드 기름	1.5컵
냉동새우	1.5컵	생강즙	2큰술
파채	조금	소금	3큰술
후추	1찻술	마늘	5쪽

174

화학조미료

● 만드는 법

① 녹두는 맷돌에 타서 물에 담가 불은 후에 껍질을 벗기고, 돌을 일은 다음 믹서나 맷돌에 조금 묽은 듯하게 간다.

② 새우는 찬물에 담가 얼음을 뺀 후에 마른 행주에 눌러 물기를 빼고 곱게 칼로 다져 생강즙 · 후춧가루 · 소금 · 화학조미료를 넣고 파 · 마늘을 곱게 다져 무쳐 놓는다.

③ 파는 채썰어 놓고 녹두 갈아 둔 것과 양념한 새우를 섞어서 부친다.

④ 또는 녹두 간 것을 작은 국자로 한 국자를 기름 두른 프라이팬에 놓고 그 위에 양념한 새우와 파채를 얹고 다시 녹두 간 것으로 뚜껑을 덮어 붙이기도 한다.

닭조림 별법

■ 재 료

닭	1마리	표고	5잎
파	1뿌리	마늘	3쪽
생강	2쪽	간장	3큰술
참기름	1큰술	술	2큰술
설탕	2큰술		

● 만드는 법

① 닭은 피를 빼어 잘 잡은 후 씻고, 발목으로 칼을 넣어 힘줄을 빼고, 관절마다 잘라서 토막을 친다.

② 닭 토막을 간장에 잠시 담그었다가 고온의 기름에 튀긴 다음 파를 4cm 길이로 썰고, 표고는 반 쪽으로 썬다.

③ 파를 냄비에 볶은 다음 표고버섯을 넣고 그 위에 간장·파·마늘·생강즙·술·설탕을 넣어 무친 후 표고버섯 위에 얹어 다시 조린다.

④ 녹말가루를 물에 타서 넣고 다 익으면 닭기름 끓여 둔 것을 한두 방울 친다.

⑤ 접시 밑에는 표고와 파를 담고 그 위에 닭을 담는데, 날개와 다리가 위 쪽으로 오도록 담는다.

튀김 모듬

■ 재 료

오징어	1마리	패주	2개
새우	10마리	생선	2마리
밀가루	반 컵	계란	5개
빵가루	3컵	카레가루	반 컵
기름			

● 만드는 법

① 패주(조개 관자)는 깨끗이 씻은 후 큰 것은 8등분하고 작은 것은 4등분하여 소금·후추를 뿌려 둔다. 밀가루·계란을 묻히고 빵가루를 묻혀서 기름에 빛깔 곱게 튀겨 낸다.

② 오징어는 잘 씻어서 껍질은 둥근 채로 제거한 후에 원형으로 썰어서 소금·후추를 뿌린 후 밀가루에 카레가루를 섞어서 ①번과 같이 튀겨 낸다.

③ 새우는 꼬리는 두고 다듬어 씻어서 소금·후추를 뿌린 다음 물기 없는 그릇에 계란흰자를 거품 친 것과 물·밀가루를 섞은 것으로 옷을 입혀 기름에 살짝 튀겨 낸다.

④ 흰살 생선은 3cm 정도로 잘라 내장을 제거하고 소금·후추를 뿌린 후 밀가루·계란을 푼 것을 묻혀 기름에 튀겨 접시에 담아 낸다.

평양 요리

물냉면

■ 재 료

냉면 생국수	1kg
냉면육수	적당량
돼지 양지머리	250g
쇠고기 사태	250g
닭	1/2마리
꿩	1/2마리
무	1/4개
파	5개(굵고 흰부분)
마늘	6쪽
후춧가루	1/2작은술, 소금
사과	반쪽
동치미국물	적당량
진간장	2큰술

◆고 명

무절임	무 1/4개
식초	1큰술, 소금
다진 마늘	적당량
생강즙	적당량
설탕	조금
달걀노른자	2개
식물성기름	적당량
오이	1개
배	반 쪽
편육	200g
고춧가루	적당량
삶은 달걀	1개
대파 · 간장	적당량
진강장	1/4컵

다진파 ································ 2큰술 통깨 ································ 1큰술

● 만드는 법

① 쇠고기, 돼지고기, 닭고기, 꿩고기 등 네 가지를 찬물에 40분 가량 담가서 핏물을 모두 뺀 다음 고기를 푹 고아 진한 육수를 낸다.

② 고기 육수가 울어나면 통생강과 통마늘을 넣어 누린내를 없앤다. 고기를 건지기 전에 소금을 조금 넣어 간을 연하게 하면 냄새가 안 나서 고기맛이 좋다.

③ 닭고기가 익으면 제일 먼저 건져내고 좀 더 끓인 뒤 꿩고기를 건져낸다. 꿩고기를 건져 낸 뒤 더 끓여 돼지고기를 건지고 마지막에 쇠고기를 건져낸다. 통생강, 통마늘도 함께 건지고 고기는 너무 오래 삶지 말고 익었다 싶으면 빨리 건진다.

○ 조리 포인트

야채를 큼직하게 잘라 육수에 넣어 맛을 낸다. 진간 장으로 색을 낸다. 육수의 기름기를 없애고 차가운 곳에서 빨리 식힌다.

온 반

■ 재 료

밥 ································ 4그릇 녹두 ································ 1컵

실파	3뿌리		
달걀	2개		
잣	1큰술		
실고추	적당량		
식물성기름	적당량		
소금 · 국간장	적당량		

◆고기장국

양지머리	300g	무	200g
물	15컵	파	1대
마늘	6쪽	청장	적당량

◆양지머리 양념

소금	1작은술	맑은 국간장	1작은술
파(다진것)	2큰술	마늘(다진것)	1작은술
후춧가루	적당량		

● 만드는 법

① 팔팔 끓는 물에 양지머리와 큼직하게 썬 무를 넣고 통마늘과 굵은 파잎을 넣어 끓인다. 끓어오르면 거품을 걷어내고 푹 무르도록 고아 건진 뒤 한 입 크기로 얇게 한다.

② 녹두는 충분히 불려 껍질을 벗겨내고 달걀은 황백으로 나눠서 지단을 부친다. 황백지단을 5cm 길이로 가늘다랗게 채썬다.

③ 고기를 양념해서 다시 끓인 뒤 밥에 붓고 준비한

180

고명을 위에 얹는다.

○ 조리 포인트

　평양 온반은 맵지 않은 장국밥으로 녹두지짐을 얹어내는 것이 특징이다. 갈은 녹두에다 실파를 다져넣고 소금으로 간하여 기름친 팬에 한 숟갈씩 떠서 넣는다. 둥글게 썬 붉은 고추를 하나씩 고명으로 얹어 노릇노릇하게 지져 장국밥에 넣으면 더욱 맛이 좋다.

어복 쟁반

■ 재　료

메밀국수	150g	만두	10개
떡(썰은 것)	100g	삶은 달걀	1개
느타리 버섯	10개	배	1개
굵은 파	2개	은행	10알
당근	1/2개		

◆육수

쇠고기(양지머리)	600g	굵은 파	1개
마늘	1통	청주	2큰술
물	적당량		

◆양념장

진간장	2큰술	파(다진 것)	2작은술
마늘(다진 것)	1작은술	참기름	1작은술

181

후춧가루 ························· 적당량   식초 ······························ 1큰술

● 만드는 법

① 양지머리를 푹 삶아, 육수는 체에 거즈를 깔고
받치거나 식혀서 굳기름을 걷어낸다. 고기는 건져 식

182

힌 다음 2.5cm 폭 6cm로 얄팍하게 썬다.

② 느타리 버섯(표고 버섯도 좋다)은 손으로 대강 찢는다. 굵은 파는 길게 썰고 배와 당근은 고기 크기로 썬다. 은행잎은 팬에 파랗게 볶아 종이 타월에 비벼 껍질을 벗긴다. 달걀은 16분 정도 완숙으로 삶아 껍질 벗겨 4등분 낸다.

③ 끓는 물에 메밀국수를 삶아 찬물에 행군 뒤 소쿠리에 건져 물기를 뺀다. 끓는 물에 만두를 삶아서 준비하고 떡은 끓는 물에 데친다.

④ 편육과 배, 느타리 버섯, 파, 당근, 흰떡, 삶은 달걀, 국수사리를 담고, 복판에 만두를 넣는다. 국간장, 소금으로 간한 다음 뜨거운 육수를 붓고 은행알로 장식하여 팔팔 끓인다. 양념장 재료를 골고루 섞어 곁들인다.

○ 조리 포인트

양지머리를 솥에 담고 적당량의 물을 붓는다. 굵은 파를 서너번 잘라 넣고, 청주와 통마늘을 넣어 펄펄 끓이면 고기의 누린내가 없어진다. 끓어 오르면 거품을 제거하고 불을 줄여 1시간 반 이상 잘 삶아 육수를 만든다. 어복쟁반은 끓이면서 먹는 요리이므로 먹다가 보충할 수 있도록 육수를 충분히 준비해 두는 것이 좋다.

서양 요리

서양 요리의 특징

① 물자와 시간이 경제적이다.
② 싱싱한 제철 음식을 광범위하게 선택할 수 있다.
③ 조리법이 과학적이다.
④ 조미료와 향신료의 합리적인 배합이 가능하다.
⑤ 시각적 균형이 잡힌 음식이다.
⑥ 그날 하루에 필요한 영양식탁을 구성할 수 있다.

정 찬

정찬은 〈디너〉라고도 한다. 본격적인 코스는 종(縱)으로 요리가 계속 나오는데 약했을 경우는 간략해진다.

① 전채(前菜) : 식욕을 돋우는데 목적이 있으며 식사 전에 나온다. 정찬일 경우 찬 것으로 4~5종류 이

상 만든다.

② 수프 : 반드시 콩소메 수프를 만든다. 식사의 전주곡이 되므로 특히 그 맛에 주의해서 만든다. 수프는 한 입에 그 맛이 좋음을 알 수 있도록 유의해서 만든다.

③ 어개류 요리 : 물이 좋은 생선을 선택해서 담백한 맛을 살리도록 조리한다. 또 다음 육류 요리법과 달라서 조리법으로선 그 나름대로의 맛을 살리도록 한다.

④ 육류 요리 : 식탁 메뉴의 중심으로 먼저 이 육류 요리를 결정한 후 전체의 조화를 생각한다. 약식의 경우는 로스트만으로 준비한다. 육류 요리에 사용하는 소스는 어개류 요리의 그것과 같지 않아야 한다.

⑤ 샐러드 : 로스트의 곁들이로 나오며 각종 야채를 프렌치 드레싱으로 무친 것을 낸다.

⑥ 디저트 : 식사 후에 먹는 식품의 총칭으로 생과자·치즈·과일·커피 등이 포함되며 아이스크림도 흔히 등장한다.

⑦ 치즈 : 구미 각국에서는 중요한 디저트로 나온다. 산뜻한 크래커나 열매 같은 것과 치즈가 함께 나오는 것이 보통이다. 큰 은쟁반에 잔뜩 쌓여 나온 것을 골라서 먹는데 풍미가 있다.

⑧ 과일 : 과일용 나이프·포크 등을 첨가해서 큰 것 외에는 그냥 통째로 내놓는다.

⑨ 커피 : 식후의 커피라고 해서 작은 컵에다 좀 짙은 커피가 나오는데, 자기 기호에 따라서 설탕이나 크림을 타서 마신다.

⑩ 술 : 정찬에는 요리를 보다 맛있게 하기 위해 요리에 맞는 술을 내놓는다. 식사 전에 마시는 술은 수프가 끝날 때까지 마시는 것으로 베르뭇·셰리주 등이 있다.

어개 요리의 술은 백포도주를 사용하고 육류 요리의 술은 붉은포도주를 쓴다.

보통 건배할 때는 유럽식은 디저트가 시작될 때 샴페인을 내놓는데, 미국식은 정찬에서 샴페인을 낼 때는 식사 초부터 내고 샴페인 외에는 내지 않는다.

식후의 술은 정식의 경우, 커피를 마신 뒤에 별실로 가서 리큐르 종류를 든다. 양식은 술을 낼 때와 서비스가 매우 중요하다.

셰리주·백포도주·샴페인 등 백색 술은 차갑게 해서 내는데, 술잔에 따를 때도 체온을 막기 위해 냅킨을 말아서 쥔다.

메뉴의 선택

사람을 초청할 때는 식단을 작성하기 전에 집의 넓이와 접대할 일손의 유무(有無), 식기나 조리 기구의 가지수와 소요 시간을 생각해서 정찬으로 할 것인가,

186

약식으로 할 것인가를 결정짓는다.

식탁 구성의 주의점

① 전체의 예산을 결정, 먼저 잡비를 별도로 한다. 그 나머지를 요리 재료비로 사용한다.

② 손님들의 연령과 기호를 알아 둔다. 즉 나이가 든 사람들은 분량보다는 담백한 맛을 원하고, 젊은 사람들은 볼륨 있는 농후한 요리를 원한다.

③ 계절적인 고려, 맛도 좋고 계절감도 나는 식품으로 제철 음식을 사용한다.

④ 잘 만들 수 있는 음식을 택한다. 즉 실패가 없는 익숙해진 요리를 결정, 맛·색채·식품의 백합 등의 밸런스를 생각해서 전후 요리를 만든다. 단, 같은 재료가 되풀이해서 연거푸 들어가지 않도록 한다.

정찬 테이블 : ① 전채·오르되브르소메 수프(카나페 기타를 곁들인 전채), ② 콩소메 수프, ③ 생선요리, ④ 메인디시(중심적인 육류요리), ⑤ 술을 넣은 빙과(氷菓), ⑥ 로스트(찜·구이한 육요리. 샐러드와 함께 나옴), ⑦ 디저트(달콤한 과자·과일·애프터 디너 커피)

디너 테이블 : 테이블은 테이블 클로드를 씌우거나 초대받은 사람이 앉을 위치의 테이블에 각각 한 장씩 매트(place mat)를 깐다.

187

테이블 클로드는 밑에는 융 같은 것을 깔고 그 위에 씌운다.

테이블 클로드는 원래 백색 무늬가 있는 리넨감으로 짠 무늬가 있는 직물을 쓰지만 가정에서는 엷은 분홍색 또는 하늘색을 쓴다.

냅킨도 같은 천으로 만든 것을 사용하며, 아침·점심 식사 때는 30×40cm의 장방형 냅킨을 사용하며 저녁 식사 때는 한 면이 50~60cm인 정사각형이 알맞다. 접는 방법은 여러가지가 있으나 되도록 간단히 접는다.

소 스

서양요리의 맛을 좌우하는 소스는 화이트 소스·산미 소스·감미 소스 등 대략 네 가지로 구별한다.

화이트 소스

화이트 소스는 백색이며 1류 화이트 소스는 농도가 극히 엷은 것으로 야채나 육류를 조릴 때 많이 쓴다.

■ 재 료

버터 ····························· 1큰술　밀가루 ····························· 1큰술

우유 ······························· 1컵   소금 ································· 약간

후추 ································· 약간

● 만드는 법

① 깨끗한 냄비에 버터를 녹인다.

② 밀가루를 넣어 눋지 않도록 나무 주걱으로 잘 저으며 볶는다.

③ 우유를 넣고 저으면, 처음에는 가루가 응고하듯 하며, 자주 젓고 있으면 따뜻해지면서 잘 풀어진다.

④ 덩어리가 없이 되면 소금과 후춧가루로 간을 맞춘다.

오로라 소스

■ 재 료

버터 ······························· 2큰술   밀가루 ······························· 2큰술

우유 ······························· 1/2컵   수프 스톡 ························· 1/2컵

토마토 퓨레 ··················· 2큰술   소금 ································· 약간

후춧가루 ························· 약간

● 만드는 법

① 적당한 분량의 버터를 냄비에 담고 녹인다.

② 밀가루를 넣고 볶다가 우유와 수프 스톡을 넣어 소스를 만든다.

189

③ 토마토 퓨레를 넣어 소금과 후추로 양념한다.

④ 달걀이나 생선요리 등에 얹으면 연분홍빛으로 더 한층 아름답게 보인다.

그린 소스

살이 흰 생선·삶은 달걀 등에 적당하다.

■ 재 료

화이트 소스 ····················· 1컵   시금치(삶아서 저른 것) ··· 2찻술

● 만드는 법

① 시금치를 소금물에 파랗게 데친다.

② 냉수에 헹궈 물기를 짜내고 곱게 다져 체에 거른다.

③ 화이트 소스에 넣어 따뜻할 정도로 데워서 낸다.

토마토 소스

■ 재 료

버터 ···················· 2큰술	밀가루 ···················· 3큰술
수프 스톡 ·············· 2.5컵	토마토 퓨레 ·············· 10큰술
둥근 파 ··················· 20g	조미용 버터 ·············· 2큰술
소금 ···················· 약간	후춧가루 ···················· 약간

● 만드는 법

① 프라이팬에 버터를 녹이고 얇게 썰어 놓은 둥근파를 잘 볶은 후 밀가루를 넣고 갈색이 될 때까지 볶는다.

② 여기에 토마토 퓨레를 같이 넣고 수프 스톡으로 꿀처럼 되게 30분 이상 약한 불에 끓인다.

③ 체에 밭쳐서 소금 · 후춧가루로 조미한 후 버터를 넣는다.

브라운 소스

■ 재 료

버터	1큰술	밀가루	2큰술
수프 스톡	1컵	소금	약간
후춧가루	약간		

● 만드는 법

① 프라이팬에 버터를 녹이고 밀가루를 넣어 나무주걱으로 잘 저으며 갈색이 될 때까지 볶는다.

② 여기에다 수프 스톡을 넣어 풀처럼 잠깐 끓인 후 소금 · 후춧가루로 간한다.

③ 시간이 걸리더라도 수프 스톡의 분량을 넉넉히 붓고 눋지 않도록 조심하며 약한 불에 장시간 끓인다.

마요네즈 소스

마요네즈 소스는 우리나라에도 널리 보급되어 있는 것으로서 애피타이저 샐러드·샌드위치 등에 많이 쓰인다.

■ 재 료

계란 노른자	1개	초 혹은 레몬즙	1큰술
샐러드 오일	1컵	소금	1찻술
후춧가루	조금	머스터드	1찻술

● 만드는 법

① 물기 없는 에나멜 그릇에 계란 노른자 1개·소금·후춧가루·머스터드·초를 담고 에그 비터나 나무 주걱으로 섞는다.

② 이것을 빨리 저으면서 샐러드 오일을 한두 방울씩 떨어뜨린다.

③ 지방구(脂肪球)가 파괴되어 재료와 혼합되기 시작하면 샐러드 오일이 조금씩 풀처럼 되어 간다.

④ 단번에 기름을 많이 넣으면 기름과 재료가 분리하기 쉽다.

⑤ 이럴 때에는 뜨거운 물을 조금씩 넣으며 잘 젓든가, 계란 흰자 반 개분을 넣고 빨리 저으면 대개는 제대로 된다.

⑥ 일단 다 되었다고 생각했던 소스가 다시 분리하는 것은 기름의 분량이 많았던가 혹은 더운 곳에 두었던 까닭이다.

프렌치 드레싱

■ 재 료

샐러드 오일 ·················· 3큰술	초 또는 레몬즙 ··············· 1큰술
소금 ························· 1/2찻술	후춧가루 ······················ 조금

● 만드는 법

① 샐러드 오일 · 초 · 소금 · 후춧가루 등 재료 전부를 깨끗한 병에다 넣는다.

② 먹기 직전에 상하로 뿌얗게 될 때까지 흔들어서 쓴다.

③ 이 소스는 생야채나 과일의 샐러드에 많이 쓰인다.

④ 여기에 각자 기호에 따라 여러가지 재료(파슬리 등) 다진 것 · 치즈 · 토마토 주스 · 양겨자 · 카레 파우더 · 양파 다진 것을 가미하기도 한다.

⑤ 이 소스는 초와 기름을 혼합한 것이기 때문에 곧 분리하기 쉽다.

전 채

식욕을 돕기 위해 식사 전에 술과 함께 나오는 소품 요리로써
① 재료는 좋은 것을 선택한다.
② 제철에 맞는 재료를 고른다.
③ 재료는 신선한 것을 정확하게 사용한다.
④ 새로운 감각을 잘 살린다.
⑤ 그릇에 담을 때 색채의 조화를 충분히 배려하도록 한다.

냉전채

냉전채는 미리 만들어 놓을 수 있으므로 세 가지를 준비한다. 색채나 맛을 고려해서 냉육(冷肉)·어패(魚貝)·달걀·야채 등을 곁들여 양의 부담이 안되도록 하고 잘 식혀야 한다.

영계전채

여러가지 재료를 혼합, 영계껍질로 말아서 수프로 삶은 것으로 〈영계말이 삶음에 젤리 무침〉이라고 한다.

194

■ 재 료(5~6인분)

영계	750g 짜리 1마리	닭고기 다진 것	350g
돼지등심살	100g	소금에 절인 우설	120g
생크림	1/2컵	수프 스톡	1ℓ
고기 젤리물	2컵	브랜디(양주)	1큰술
소금	약간	후춧가루	약간
너트메그	약간		

● 만드는 법

① 영계를 깨끗이 씻은 후 등을 가르고 껍질이 떨어지지 않도록 살을 저며 뜨면서 뼈를 발라 내고 1큰술의 소금과 후춧가루를 뿌린다.

② 저며 뜬 고기는 전체가 두께가 같도록 껍질 위에 고르게 편다.

③ 생크림 · 브랜디 · 너트메그와 메스를 조금 섞는다.

④ 우설은 5mm 모로 썰고, 돼지고기는 곱게 다진다.

⑤ 그릇에 닭고기 다진 것과 소금을 1/2찻술 · 후추약간을 치고 잘 간다.

⑥ 고기가 찐득찐득해지고 곱게 갈아지면 돼지고기 다진 것을 조금씩 섞으면서 갈다가 다시 생크림 · 브랜디 · 너트메그와 메스 등을 조금씩 넣고 우설을 섞는다.

195

⑦ 헝겊에 ①번을 펴고 ⑥을 평평하게 고루 펴서 얹은 다음 두루루 말아서 헝겊으로 감아 실로 묶은 다음
⑧ 냄비에 수프 스톡을 붓고 소금 1찻술로 간을 맞추어 끓인다.

온전채

더운 전채로서 튀기든지 구운 요리로 만들어 식기 전에 내놓는 것이 중요하다. 보통 한 가지 종류만을 담아서 내놓도록 한다.

스 톡

수프는 영양분 섭취를 주로 하되 미각을 즐기고 식욕을 돋우어 주는 것이다. 수프는 포타지와 콩소메의 두 가지로 나누어진다. 어느 것이나 육류·어패류·야채 등을 삶아서 만든 국물을 토대로 조리한다.

쇠고기 스톡

■ 재 료

쇠고기	750g	당근	1개
양파	2개	셀러리	1대
물	18컵		

● 만드는 법

① 쇠고기를 깨끗이 씻어 사방 3cm 크기로 썰어 물과 같이 끓인다.

② 끓기 시작하면 위에 뜨는 것을 건져내고 불을 약하게 한 후 뚜껑을 조금 열어 둔 채 2시간 가량 끓이고 양파·당근·셀러리 같은 것을 모두 넣고 다시 1시간 정도 끓인다.

닭고기 스톡

■ 재 료

닭고기	600g	당근	1개
양파	2개	셀러리	1대
월계수잎	2매	물	18컵

● 만드는 법

쇠고기 스톡과 같다.

생선 스톡

■ 재 료

생선뼈와 부스러기	1kg	양파	1개
당근	1개	파슬리	10대
레몬 껍질	1/4개	알후추	조금

197

포도주 ································· 4큰술   물 ································· 12컵

● 만드는 법

① 생선은 씻어 냄비에 담고 물 12컵과 포도주 이외의 재료 전부를 같이 넣어 센 불에 끓인다.

② 끓을 때, 위에 뜨는 것을 건진다.

③ 포도주는 끓는 도중에 넣는다.

야채 스톡

● 만드는 법

① 야채는 손쉽게 구할 수 있는 것으로 쓰다 남은 부스러기나 껍질 같은 것도 깨끗이 씻어 이용한다.

② 여러가지 야채를 냄비에 담고 잠길 정도로 물을 붓고 끓인다.

③ 끓기 시작하면 불을 약하게 하여 30분 정도 끓여서 거른 다음, 소금·후춧가루로 간을 맞춘다.

수 프

감자 수프

■ 재 료(6인분)

감자 ································· 30g   양파 ································· 70g

198

수프 스톡	1.5컵	밀크	1.5컵
버터	1큰술	소금	2작은술
후춧가루	약간	크루톤	약간
화학조미료	약간		

● 만드는 법

① 감자는 껍질을 벗기고 고르게 썬다.

② 양파는 얇게 썰어서 버터에 볶아 냄비에 감자와 같이 넣고 수프 스톡을 붓고 끓인다.

③ 감자가 잘 무르면 체에 걸러서 다시 냄비에 담는

다.

④ 밀크와 소금 · 후춧가루를 넣어 약한 불에 올려 놓았다가 먹기 직전에 남은 버터를 넣는다.

⑤ 이것을 수프 접시에 담고 크루톤을 다섯 조각 가량 띄운다.

※ 크루톤 만드는 법

구워서 하루 두었던 빵을 1cm의 정사각형으로 썰어서 끓는 기름에 브라운 빛깔로 튀겨 낸다.

그린 수프

■ 재 료(6인분)

수프 스톡	2컵 반	우유	2컵 반
그린피스 퓨레	8큰술	버터	2.5큰술
밀가루	2.5큰술	소금	약간
후춧가루	약간	크루톤	약간

● 만드는 법

① 그린피스를 중조와 소금을 넣어 파랗게 삶아 물기를 뺀 후 체로 걸러 놓는다.

② 냄비에 버터를 녹인 후 밀가루를 넣어서 볶다가 그린피스 퓨레를 섞고 스톡을 넣으며, 눌러서 가루가 익도록 끓인다.

③ 여기에 따뜻한 우유를 넣어 2~3분 동안 약한 불

에 올려 놓았다가,

④ 소금 · 후춧가루 간을 맞추어 수프 접시에 담고 크루톤을 띄운다.

토마토 수프

■ **재 료**(6인분)

수프 스톡	5컵	토마토	1개
파슬리	조금	소금	조금
후춧가루	조금	화학조미료	조금

● **만드는 법**

수프 스톡을 끓여서 조미하여 수프 접시에 담고 잘게 썰어 놓은 토마토를 조금 띄우고 파슬리를 다져 뿌린다.

야채 수프

■ **재 료**(6인분)

쇠고기 스톡	5컵	당근	1/4개
소금	조금	후춧가루	조금
화학조미료	조금		

채소 수프

● 만드는 법

① 맑은 수프 스톡을 냄비에 담고 끓인다.

② 소금·후춧가루로 간을 맞추어 수프 접시에 담고 파슬리를 곱게 다져 띄우거나 삶은 당근을 곱게 채썰어 수프 스톡에 조금 띄운다.

③ 이외에도 양배추·셀러리·양파 등 계절의 야채를 적당히 썰어서 스톡에 삶아 가지고 두 가지나 혹은 세 가지를 같이 넣는다.

콩소메 로열

■ 재 료(6인분)

쇠고기 스톡	5컵	달걀	1개
수프 스톡	달걀과 동량	파슬리	조금

소금 ····························· 조금   후춧가루 ························· 조금

● 만드는 법

① 달걀은 깨뜨려서 잘 풀어(거품이 나지 않도록) 같은 양의 수프 스톡을 섞는다.

② 소금 · 후춧가루로 조미해서 네모진 그릇에 담아 찜통에 찐 후 임의의 모양으로 썰어 놓는다.

③ 끓여서 조미해 놓은 수프 스톡을 접시에 담은 후 ③에 썰어 놓은 것을 띄우고 파슬리도 다져서 띄운다.

양파 수프

■ 재 료(6인분)

둥근파 ························· 4개   수프 스톡 ························· 7컵

치즈 · 버터 ··················· 조금   밀가루 ························· 3큰술

● 만드는 법

① 둥근파를 얇게 썰어 버터에 볶다가 수프 스톡을 넣고 약한 불에 뭉근히 끓여 체에 받친다.

② 버터에 밀가루를 볶다가 ①을 넣어 끓인 후 치즈를 넣어 낸다.

육류 요리

쇠고기 요리

쇠고기는 적갈색으로 조직이 단단하고 탄력이 있다. 쇠고기의 연하고 질긴 것은 지방과 결체조직 분포에 따라 좌우된다. 숫소나 영양 불량인 고기는 결체조직이 많아서 질기고, 지방의 색이 황색이고 맛이 좋지 않다. 암소고기나 거세한 소의 고기가 연하고 맛이 좋다.

연령적으로 볼 때 어린 소의 고기는 연하나 연령이 많아짐에 따라 질겨진다.

보통 2세 이상의 고기를 비프라 하고, 2세 미만의 송아지 고기를 빌이라고 한다. 송아지 고기는 엷은 적색이고 지방이 적고 수분이 많다. 영양가가 성숙한 소보다 낮으며, 질이 가장 좋은 고기는 4~6세이다. 같은 소의 고기라도 부위에 따라 맛과 질긴 정도가 다르며 조리법도 달라진다.

비프 스테이크

스테이크용 고기는 연해야 하며 가장자리에 기름이 있는 고기가 좋다.

스테이크의 분량은 한 사람에 150~200g으로 한

204

다.

두께는 대개 2~2.5cm로 저미고 스테이크는 일반적으로 레어(설익힌 것 : 13~15분간 구운 것)·미디엄(중간으로 익힌 것 : 15~18분간 구운 것)·웰던(완전히 익힌 것 : 18~22분간 구운 것)의 3종류로 나눈다.

■ 재 료

쇠고기	600g	후춧가루	1/8찻술
소금	1/4찻술	기름	2큰술

● 만드는 법

① 연한 스테이크용 고기를 길이 15cm, 너비 7~8cm, 두께 2~2.5cm로 저며 소금·후춧가루를 뿌려 잠시 둔다.

② 프라이팬에 기름을 두르고 뜨겁게 되면 고기를 넣고 양 옆이 갈색이 될 때까지 지진다. 고기를 뒤집을 때는 포크로 살이 있는 부분은 찌르지 말고 기름 있는 부분을 찔러 뒤집고, 야채와 곁들여 낸다.

포트 로스트 비프

■ 재 료

쇠고기	900g	물	1/2컵
기름	3큰술	소금	약간
후춧가루	약간		

● 만드는 법

① 고기는 덩어리째 깨끗이 마른 행주로 물기를 닦아 낸다.

② 우묵한 프라이팬에 기름을 두르고, 뜨거워지면 고기를 넣고 뒤집어 가면서 고기 전체가 갈색이 되도록 익힌다.

③ 소금과 후춧가루를 골고루 뿌린다.

④ 고기 밑에 철판을 깔고 그 위에 고기를 올려 놓고 물을 부어 약한 불 위에서 천천히 고기가 연하게 될 때까지 익힌다. 1시간 반 내지 2시간 동안 끓인다.

⑤ 썰어서 혹은 통째로 뜨거운 때에 내 놓는다.

팬 브로일드 큐브 스테이크

■ 재 료(4인분)

큐브 스테이크	450g	소금	1/6작은술
기름	1큰술	후춧가루	1/8작은술

● 만드는 법

① 조각난 고기를 이용한다. 사방 2cm 정도로 자른다.

② 프라이팬에 기름을 두르고 팬이 뜨거워지면 고기를 넣고, 한쪽이 갈색이 되면 뒤집어서 양편이 다 갈색이 되게 한 다음, 불을 약하게 하고 2~3분간 더 익혀서 소금과 후춧가루를 뿌린다.

햄버거 스테이크

■ 재 료(6인분)

쇠고기	600g	소금	1찻술
후춧가루	1/4컵	양파	1/2개
빵부스러기	1/2컵		

● 만드는 법

① 쇠고기와 양파는 곱게 다진다.

② 고기·양파·소금·후춧가루·우유·빵부스러기를 함께 섞는다.

③ 이것을 여섯 덩어리로 나누어 동글납작하게 빚는다. 두께는 2cm, 직경은 7~8cm로 한다.

④ 프라이팬에 버터를 두르고 팬이 뜨거워지면 고기를 넣고 지진다.

⑤ 처음에는 불을 강하게 하고, 양쪽이 다 갈색이

되면 불을 약하게 하여 완전히 익힌다.

⑥ 준비된 접시에 감자나 기타 야채와 곁들여 담아 식사한다.

햄버거

■ 재 료(6인분)

쇠고기		450g
토마토		1개
달걀		1개
양파		1개
소금		1찻술
오이피클	1/4컵	후춧가루 ······ 1/4찻술
마요네즈 소스	1/4컵	기름 ······ 2큰술
햄버거용 빵	6개(또는 식빵 12쪽, 1.5cm두께)	

● 만드는 법

① 고기와 양파를 곱게 다진다.

② 달걀을 풀어 고기와 양파와 함께 섞고 소금·후춧가루를 넣고 잘 섞는다.

③ 이것을 여섯 덩어리로 나누어 직경 8~9cm, 두께 1~1.5cm로 얇게 빚어 둔다.

④ 프라이팬을 불 위에 올려 놓고 기름을 두루고 뜨거워지면 고기를 넣어 지진다. 양쪽이 다 갈색이 되도

208

록 익히고 불을 약하게 하여 뒤집어 가면서 익힌다.

⑤ 토마토는 끓는 물에 담갔다가 껍질을 벗기고 둥근 모양 그대로 0.5cm 두께로 썬다.

⑥ 빵은 식빵을 사용할 경우는 버터를 바르지 않고 구워 둔다. 햄버거용 빵을 쓸 경우는 반으로 잘라서 둔다.

⑦ 빵에 마요네즈 소스를 얇게 바르고 지진 고기를 올려 놓고 그 위에 오이피클을 얇게 썰어 놓고 토마토를 놓고 빵 한쪽을 덮어 샌드위치를 만든다.

⑧ 다 된 것은 그대로 혹은 2~4 등분하여 접시에 담는다.

미트 로프

■ 재 료

쇠고기	600g	후춧가루	1/4찻술
우유	1/2컵	달걀	1개
양파	1개	빵부스러기	1/2컵
소금	1찻술	토마토 케첩	1/4컵

● 만드는 법

① 고기를 곱게 갈거나 다진다. 양파도 잘게 다져 둔다.

② 달걀은 잘 풀어서 다져 둔 고기·양파와 함께 섞

고 소금·후춧가루·우유·빵부스러기도 섞어서 로 프팬에 담아 위에 토마토 케첩을 뿌리고 화씨 350도 의 오븐에서 45분~1시간 동안 굽는다.

뜨거울 때 적당한 두께로 얇게 저며 식사한다.

내장 요리

스터프트 리번 로울

■ 재 료(4인분)

간	450g	빵부스러기	2컵
버터	2큰술	다진 양파	1찻술
다진 파슬리	2큰술	소금	1/2찻술
후춧가루	1/8찻술	밀가루	4큰술
소금	3큰술	물	1컵

● 만드는 법

① 간을 얇게 저며 놓는다.

② 버터는 녹여서 빵부스러기·다진 파슬리, 다진 양파, 소금·후춧가루와 섞는다.

③ 간 위에 위의 혼합물을 펴서 바른 후 말아서 꼬챙이에 꽂는다.

④ 밀가루를 골고루 묻힌다.

210

⑤ 프라이팬에 기름을 두르고 뜨겁게 달면 말아 놓은 간을 넣고 갈색이 되도록 지져낸다.

⑥ 물을 붓고, 뚜껑을 꼭 닫은 뒤 불을 약하게 하고 20분 정도 끓이면 연해진다.

브로일드 키드니

■ 재 료
콩밭(한 사람의 분량을 100g 정도로 한다.)
버터 · 소금 · 후춧가루

● 만드는 법
① 콩팥을 깨끗이 씻어서 가장자리에 있는 질긴 부분을 떼어 낸 다음 반으로 갈라 놓고, 뜨거운 소금물을 위에 붓는다. 5분 정도 약한 불 위에서 끓이다가 꺼낸다.

② 버터를 바르고 소금 · 후춧가루를 뿌려서 석쇠나 프라이팬에 놓고 뒤집어 가면서 굽는다. 5~10분 동안 구우면 된다.

보로일드 리버

■ 재 료(4인분)
간 ·························· 450g   소금 ························· 1/4작은술

211

버터 ················· 5큰술	후춧가루 ············· 1/8큰술

● 만드는 법

　① 간을 1.5cm 두께로 썰어 놓는다.

　② 썰어 놓은 간에 버터를 녹여서 바른다.

　③ 철판에 놓고 브로일러에 넣어 굽는다.

　④ 5~10분 동안 구워서 소금과 후춧가루를 위에 뿌린다.

리버 앤드 베이컨

■ 재 료

간 ················· 250g	베이컨 ················· 5쪽
소금 ················· 1/4작은술	후춧가루 ················· 1/8작은술
밀가루 ················· 2큰술	

● 만드는 법

　① 간을 0.7~1cm 두께로 저민다.

　② 소금 · 후춧가루를 뿌리고 밀가루를 고루 묻힌다.

　③ 프라이팬을 불 위에 올려 놓고 뜨거워지면 베이컨을 펴서 놓고 지진다.

　④ 베이컨은 지져지면서 기름은 빠진다. 그 기름에 밀가루 묻힌 간을 갈색이 되도록 지진다.

　⑤ 뜨겁게 준비한 접시에 담는다.

리버 로프

■ **재 료**(8인분)

간	700g	빵부스러기	1컵
우유	1컵	달걀	2개
파슬리	1큰술	셀러리	1큰술
소금	1.5작은술	후춧가루	1/8작은술
양파	1큰술	고추	1작은술

● **만드는 법**

① 간을 갈거나 곱게 다진다.

② 파슬리 · 셀러리 · 양파 · 고추는 곱게 다진다.

③ 달걀은 잘 풀어서 우유 · 소금 · 후춧가루와 섞고, 여기에 간 · 빵부스러기 · 파슬리 · 셀러리 · 양파 · 고추를 섞어서 기름 바른 팬에 담아 낮은 온도(화씨 325도)에서 1시간~1시간 30분 동안 굽는다. 뜨거울 때나 혹은 차게 해서 토마토 케첩이나 칠리 소스와 같이 식사한다.

키드니 스튜

■ **재 료**(4인분)

콩팥	450g	기름	2큰술
양파	2개	겨자	1찻술

소금	1찻술	후춧가루	1/8찻술
물	3컵	밀가루	2큰술

● 만드는 법

① 콩팥은 깨끗이 씻어 사방 3cm되게 썰어 소금물에 1시간 정도 담갔다가 건진다.

② 프라이팬을 불 위에 놓고 기름을 넣어 뜨겁게 되면 콩팥을 넣고 갈색이 될 때까지 지진다.

③ 여기에다 물을 붓고 끓인 다음 얇게 썬 양파, 겨자가루·소금·후춧가루를 넣고 다시 끓인다.

보일드 비프 텅

■ 재 료

소의 혀	1	후춧가루	1/4찻술
초	1큰술	소금	2찻술
크로브스	6개	월계수잎	2장

● 만드는 법

① 소의 혀를 씻어 냄비에 담고 혀가 잠길 정도로 찬물을 붓고 끓인다.

② 끓기 시작하면 불을 약하게 하고 천천히 1시간 정도 끓인다.

③ 후춧가루·소금·크로브스·월계수잎·초를 넣

고 뚜껑을 덮어 2~3시간 동안 약한 불에 천천히 끓여
서 연해지면 국을 그대로 식힌다.

송아지 고기 요리

송아지 고기는 연하기는 하나 성숙한 쇠고기보다
맛이 적다. 그러므로 조리법이 약간 다르다.

로스트 빌

■ 재 료

고기 ································· 900g   소금 ································· 약간

후춧가루 ························· 약간

● 만드는 법

고기를 덩어리째 물기 없이 행주로 닦은 뒤에 소금
과 후춧가루를 고루 뿌리고, 철판 위에 높고 낮은 온
도의 오븐(화씨 300도)에서 1시간 동안 굽는다.

음식은 뜨거울 때 꾸레미와 같이 식사한다.

빌 커틀렛

■ 재 료

고기 ································· 450g   소금 ································· 1/2찻술

후춧가루	1/8찻술	튀김기름	약간
밀가루	3큰술	달걀	1개
빵부스러기	1/2컵		

● 만드는 법

① 고기는 두께 1cm, 길이 15cm, 너비 8~9cm로 저며서 소금·후춧가루를 뿌리고 밀가루를 묻힌다.

② 달걀을 풀어 밀가루를 묻힌 고기를 담갔다가 빵가루를 묻힌다.

③ 우묵한 팬에 기름을 두르고 뜨거워지면 고기를 넣고 튀겨 낸다.

돼지고기 요리

돼지고기는 다른 고기보다 지방 함량이 많고, 색은 담홍색이나 부위에 따라 회백색이나 빨간색을 띠기도 한다.

조리시에 주의할 것은 돼지고기에는 선모충이라는 기생충이 있기 때문에 날것이나 설익은 고기는 위험하다. 그러므로 완전히 익혀서 먹어야 한다.

포크찹

■ 재 료

돼지고기	300g	소금	1/8찻술
물	4큰술	후춧가루	약간
기름	2큰술		

● 만드는 법

① 돼지고기는 연한 것을 택하여 행주로 닦아 물기를 없앤다.

② 프라이팬(우묵한 것)에 기름을 두르고 뜨거워지면 고기를 넣고 갈색이 될 때까지 지진다.

③ 소금과 후춧가루로 간을 한다.

④ 불은 약하게 하고, 물을 4큰술 넣은 다음 뚜껑을 덮고 잘 익을 때까지 부지런히 뒤집어 가며 지진다.

스터프트 포크찹

■ 재 료(4인분)

포크 찹	4개	소금	1/2작은술
빵부스러기	2컵	양파 다진 것	2큰술
후춧가루	1/4작은술	버터	2큰술
건포드	1/4컵	물	3큰술

● 만드는 법

① 포크 찹은 로인으로 택하여 5cm 두께로 잘라서 반으로 가르는데, 끝은 붙여 둔다.

② 프라이팬에 버터를 녹이고, 뜨거워지면 다진 양파를 갈색이 되게 볶는다.

③ 건포도는 잘게 썰어서 빵부스러기·소금·후춧가루·볶은 양파를 함께 섞는다.

④ 포크 찹을 벌리고 혼합물을 가득 집어 넣는다. 끝을 대강 아무려 놓는다.

⑤ 팬에 놓고 화씨 350도의 오븐에서 한 시간 동안 굽는다.

두꺼운 프라이팬에 기름을 조금 두르고 갈색이 되도록 익혀서 물을 조금 붓고 뚜껑을 닫고 약한 불에서 익히기도 한다.

양고기 요리

양고기는 쇠고기·돼지고기와는 달리 독특한 맛을 지니고 있으며 매우 연하다. 또한 함유하고 있는 지방의 요소가 낮고 융점이 높아 기름이 조금만 식어도 곧 응고한다. 뜨거울 때 식사해야 한다.

카레 램

■ 재 료(5인분)

양고기	450g	카레 파우더	1큰술
버터	4큰술	사과	1개
양파	1개	당근	1개
셀러리	2줄기	소금	1/2찻술
마늘	1쪽	후춧가루	1/2찻술
풋고추	4개	물	2/3컵

● 만드는 법

① 고기는 사방 2.5~3cm 크기로 썰어 놓는다.

② 프라이팬에 버터를 넣고 뜨거워지면 고기를 넣고 볶다가 익으면 한 쪽으로 밀어 놓는다.

③ 양파는 얇게 썰고, 마늘은 곱게 다지고, 셀러리는 2cm 길이로 썰고, 사과와 당근도 잘게 썰어 고기 볶던 프라이팬에 넣고 볶다가 고기와 같이 2~3분간 볶는다.

④ 카레 파우더 · 소금 · 후춧가루를 넣고 불을 약하게 하여 뚜껑을 덮은 뒤에 20분 정도 끓인다.

닭고기 요리

닭은 붉은 살과 흰 살이 있다. 흰 살은 주로 가슴 부분에 많고 붉은 살은 다른 부분에 많다. 흰 살에는 단백질이 많고, 지방이 적으며 맛이 단백하다. 붉은 살은 닭 특유한 맛이 강하다. 근육 섬유는 치밀한 조직을 가지고 있다. 일반적으로 암탉은 수탉보다 연하고 지방 함량이 많다. 영양가는 다른 고기와 비슷하나 나이아신 함량은 더 많다.

연한 고기의 닭을 선택하려면

① 가슴뼈가 탄력이 있는 것.
② 털 뽑은 자리의 구멍이 부드럽고 고운 것.
③ 날개의 관절이 연한 것.
④ 피를 완전히 뽑아낸 것.

로스트 치킨

■ 재 료

닭	1마리	버터	2큰술
소금	1/2첫술	드레싱	3컵

● 만드는 법
① 닭의 털을 뽑고 내장을 전부 뺀 다음 깨끗이 씻는다.
② 드레싱을 밑으로 닭 속에 눌러 넣은 다음 옆의

살로 구멍을 덮는다.

③ 날개는 접어 올려서 등에 꼭 붙여 놓고 다리는 아래로 하여 닭몸에 꼭 붙여 놓는다.

④ 버터를 닭살에 문질러 바르고 소금도 그렇게 바른다.

⑤ 로스팅팬에 닭의 가슴을 아래로 하여 올려 놓고 화씨 325도의 오븐에서 1시간 30분~2시간 동안 굽는다.

굽는 동안 팬에 떨어진 기름을 바르기도 하고 필요하면 팬에 물을 조금 붓기도 한다.

생선 요리

생선 뫼니에르

■ **재 료**(5인분)

도미 ····························· 150g　　감자 ································· 6개

221

레몬	1개	버터	6큰술
소금	1큰술	후춧가루	조금
파슬리	1단		

● 만드는 법

① 토막낸 생선에 소금과 후춧가루를 뿌려 밀가루에 굴린다.

② 프라이팬에 버터를 깔고 생선을 넣어 지져 낸다.

③ 감자를 깨끗하게 껍질을 벗겨 밤알만한 크기로 썰어서 물기없이 삶은 다음 냄비 뚜껑을 열고 포슬포슬하게 잘 익힌다.

④ 불 위에서 냄비 뚜껑을 덮은 채 흔들어 굴려서 소금을 살짝 뿌려 생선을 접시에 담고, 파슬리를 꽂아서 낸다.

가자미 튀김

■ 재 료(5인분)

가자미	5마리	밀가루	조금
튀김 기름	적당히	후춧가루	적당히
소금	약간	당근	250g
감자	200g	껍질콩	100g

222

● 만드는 법

① 가자미 살을 토막쳐서 소금과 후춧가루와 밀가루를 뿌려, 기름에 튀겨 소쿠리에 건진다.

② 준비된 야채는 큼직하게 썰어서 소금물에 데쳐 버터에 볶다가 토마토 소스에 무친다.

③ 이것을 튀김 가자미 옆에 놓고, 곁들여 야채를 담아 낸다.

게살 크로켓

■ 재 료(5인분)

게(큰 것)	3마리	쇠고기	100g
빵가루	1컵	달걀	1개
버터	1큰술	우유	2컵
레몬즙	2찻술	양파(다진 것)	1큰술
소금	약간	튀김기름	약간
치즈(간 것)	조금	화학조미료	적당히
후춧가루	적당히		

● 만드는 법

① 게살은 깡통에서 꺼낸 것이라면 국물을 따로 하고 다져도 좋고 쇠고기는 곱게 다져 놓는다.

② 프라이팬에 버터를 녹여 밀가루를 넣고 볶는다. 소금·후춧가루·화학조미료로 맛을 들인 후 우유를

붓고 화이트 소스를 끓이다가 내려 놓은 뒤,

③ 달걀과 게살·레몬즙·양파를 넣어 불에 올려 놓고 응고될 때까지 저으면서 간을 맞춘다. 그런 후 불에서 내려 놓고 식히면 굳어진다.

④ 굳은 것을 둥그스름하게 빚어 달걀 1/2에 우유를 희석한 것을 문질러 빵가루를 씌운 후, 끓는 기름에다 튀겨 낸다.

⑤ 접시에 화이트 소스와 함께 내어 놓는다.

도미구이

■ 재 료(5인분)

도미	1마리
포도주	2큰술
양파	1/2개
감자	130g
달걀	1개
버터 ········ 2큰술 레몬	1개
파슬리 ········ 1단 홍당무	1개

● 만드는 법

① 도미 한 마리 전체를 비늘을 긁고 내장을 꺼내 소금·후춧가루를 안팎으로 골고루 문질러 놓는다.

② 머리를 왼쪽으로 가도록 정하고 위쪽으로 향하

는 부위에 칼을 넣어 1cm 깊이로 칼자리를 넣는다.

③ 팬에 양파와 당근 채진 것을 깔아 놓고, 그 위에 생선을 놓아 술을 뿌려 오븐에 구어 낸다. 오븐이 달았을 때 감자를 함께 구어서 생선과 곁들여 내놓으면 좋다.

④ 또 한편 감자를 좀 남겨 놓았다가 뜨거울 때에 부드럽게 으깨서 여기에 달걀과 버터를 넣어 잘 혼합해서 매시포테이토를 만들어 도미 윗면에 장식을 하여 내놓기도 한다.

새우 샐러드

■ 재 료(2인분)

큰새우	1마리(300g)	셀러리	1줄기
감장(중)	1개	당근(소)	1개
그린 피스	2큰술	래디시	3개
마요네즈	1/2컵	상추	1개
파슬리	1단	소금	약간
후춧가루	약간	화학조미료	약간

● 만드는 법

① 새우는 수염을 자르고 끓는 소금물에 살짝 데친다.

② 셀러리는 줄기를 따고 8mm 쯤의 깍뚝썰기를 한

다.

③ 감자와 당근은 씻어 껍질을 벗긴 후 셀러리 길이로 깍뚝썬다.

④ 그린 피스는 파랗게 데쳐 놓는다.

⑤ 상추는 씻어 접시에 담는다.

⑥ 껍질을 벗긴 새우는 8mm의 모로 깍뚝썬다.

⑦ 그릇에 새우살 · 셀러리 · 감자 · 당근 · 그린 피스를 넣고 마요네즈와 소금 · 후춧가루 · 화학조미료 등으로 무친다.

⑧ 새우 껍질에 ⑦의 재료를 채운다.

⑨ 접시에 상추를 깔고 그 위에 새우껍질 채운 것을 담고, 곁들이로 래디시를 모양 있게 빚은 것과 파슬리로 장식한다.

넙치 버터 구이

■ **재 료**(5인분)

넙치	1마리	버터	2큰술
레몬	반 개	감자(중)	1개
파슬리	1단	소금	2작은술
후춧가루	적당히	화학조미료	적당히
밀가루	4큰술	샐러드 오일	적당히

● 만드는 법

① 넙치에 밀가루를 살짝 묻히고 너무 묻은 것은 털어서 떨어 버린다.

② 프라이팬에 1큰술의 버터와 샐러드 오일을 같은 분량으로 넣고 뜨겁게 달아오르도록 한다.

③ 여기에 넙치를 넣고 껍질을 벗긴 쪽을 먼저 굽기 시작하여 대체로 익었을 때 뒤집어서 약한 불에 갈색이 되도록 먹음직하게 굽는다. 생선을 여러번 뒤집으면서 구으면 모양이 일그러져서 잘 되지 않으니 한 번에 구어야 한다.

④ 구운 고기를 모양 있게 접시에 담는다. 이때 레몬즙을 끼얹어 놓으면 비린내를 없앤다.

연어구이

■ 재 료(5인분)

연어	500g(5쪽)
샐러드 오일	적당히
감자	5개
파슬리	1단
소스	적당히

● 만드는 법

① 저민 연어살에 소금 · 후춧가루를 한쪽에만 뿌려

샐러드 기름을 바른 후 석쇠에도 기름을 발라 달궈 놓고 구운다.

② 접시에 담을 때는 적당한 소스를 생선 위에 끼얹고 삶은 감자와 파슬리를 곁들여 놓는다.

새우 칵테일

■ 재 료(5인분)

새우(붉은 새우) 중치 ···· 30마리	소금 ······························· 약간
후춧가루 ······················ 약간	토마토 케첩 ···················· 3큰술
양배추 ························· 1/4통	

● 만드는 법

① 새우는 껍질을 벗기고, 끓는 소금물에 데쳐서 물기를 뺀다.

② 양배추는 채썰어 접시에 깔고, 위에 새우 데친 것을 모양 있게 깐다.

③ 토마토 케첩에는 약간의 향미와 조미료를 배합하여 칵테일 잔에 담아 낸다.

④ 자그마한 얼음 몇 개를 야채 · 새우에 섞는다.

야채 요리

오일 샐러드

■ 재 료

오이 ························· 2개	상추 ························· 조금
마요네즈 소스 ············ 조금	

● 만드는 법

① 신선하고 어린 오이를 선택한다.

② 오이의 양 끝을 자른 후 3mm 두께로 썰어 소금 물에 씻은 다음 물기를 뺀다.

③ 상추를 접시에 보기 좋게 깔고 그 위에 오이를 담고 마요네즈 소스나 프렌치 드레싱을 묻혀서 먹는 다.

스터프트 에그 샐러드

■ 재 료(6인분)

달걀 ························· 6개	마요네즈 소스 ············ 3큰술
소금 ························· 약간	후춧가루 ·················· 약간
파슬리 ····················· 조금	

229

● 만드는 법

① 달걀은 노른자가 중심에 오도록 굴려 가면서 삶
아 껍질을 벗긴다.

② 이것을 2등분하여 노른자를 뽑아 그릇에 담고 마
요네즈 소스와 잘 섞어서 소금 · 후춧가루로 가미하여
흰자위 속에 담는다.

③ 샐러드 접시에 상추를 깔고 모양 좋게 계란 흰자
위를 얹고 파슬리를 사이사이에 꽂아 놓는다.

④ 또는 포테이토 샐러드나 그 외의 샐러드 중앙에
소복이 담은 후 둘레를 스터프드 에그로 장식하면 더
욱 호화스런 샐러드가 된다.

플라워 토마토 샐러드

■ 재 료(6인분)

| 토마토(중 것) ····················· 6개 | 노른자 ······························· 1개 |
| 마요네즈 소스 ····················· 약간 | |

● 만드는 법

① 토마토는 껍질을 벗겨 밑동을 붙인 채 세로로
10등분하여 벌려서 꽃 모양으로 만든다.

② 마요네즈를 꽃 모양으로 토마토의 중앙에 한 숟

가락 정도 떠 놓고 노른자는 삶아서 거른 후 소복이
놓아 화심같이 보이게 한다.

햄 샐러드

■ **재 료**(6인분)

햄	150g	양배추	1/4통
오이	1개	토마토	2개

● **만드는 법**

① 햄은 너비 1cm, 길이 3cm, 두께 2mm로 네모
나게 썬다.

② 양배추의 잎을 하나씩 떼어 씻은 후 가늘게 채로
썰어 냉수에 담가 두었다가 먹기 직전에 건져 물기를
뺀다.

③ 오이는 소금으로 문질러 씻어 2mm 두께로 둥글
게 써는 것이 좋다.

④ 토마토는 깨끗이 씻어 꼭지를 도려낸 다음 6등분
한다.

⑤ 위의 재료 중에서 토마토만 제외하고 모두 소스
에 무쳐 큰 샐러드 그릇에 담은 후 토마토를 주위에
예쁘게 돌려 담고 파슬리는 가운데에 듬뿍 꽂는다.

달걀 요리

프라이드 에그

● 만드는 법

① 프라이팬을 종이로 깨끗이 닦고 버터를 녹인다.

② 달걀을 깨뜨려 소금을 뿌려 적당히 익힌다.

③ 이때 수프 스톡이나 끓는 물을 조금 붓고 프라이팬에 뚜껑을 덮고 불을 약간 약하게 하면 타지도 않고 깨끗하게 된다.

④ 특히 주의할 것은 프라이팬은 늘 기름칠을 하여 길이 잘 든 것을 사용하여야 실수가 없다.

콜드 에그

■ 재 료

달걀	5개	햄	35g
파슬리(다진 것)	1큰술	소금	1/2찻술
버터	2큰술	달걀	1개
밀가루	조금	빵가루	조금
튀김기름	적당히		

● 만드는 법

① 달걀은 노른자가 가운데에 오도록 굴려 가며 삶

232

은 다음 냉수에 건져 담고 식은 후에 껍질을 벗긴다.

② 이것을 2등분하여 노른자만 뽑아 그릇에 담는다.

③ 곱게 다진 파슬리 · 햄 · 소금 · 후추 · 화학조미료 · 버터 등을 잘 섞는다.

④ 흰자위 속에 담아 둘을 합해서 동그랗게 만든다.

⑤ 이것을 밀가루 · 달걀 · 빵가루의 순서로 굴려 끓는 기름에 튀겨 낸다.

⑥ 파슬리를 깨끗이 씻어 물기를 없애고 기름에 잠간 튀겨서 파랗게 하여 크로켓 옆에 곁들인다.

보일드 에그

● 만드는 법

① 우묵한 냄비에 물을 넉넉히 부어 끓은 후에 달걀을 넣는다.

② 약한 불에 3분 가량 끓인다.

③ 혹은 끓는 물에 달걀을 넣고 불에서 냄비를 내려놓고 약 5분 정도 두었다가 건져낸다.

포치드 에그

● 만드는 법

① 끓는 물(8~10cm 깊이의 분량)을 준비한다.

② 그릇에 깨어 담은 달걀을 물이 끓고 있는 중앙에 흘리면서 넣는다.

③ 불을 줄이고 각자 구미에 맞도록 3~5분간 달걀을 익힌다.

④ 구멍이 뚫린 주걱으로 달걀을 건져낸다.

케이크

화이트 케이크

■ 재 료

밀가루	2.5컵	설탕	1.5컵
베이킹 파우더	3.5찻술	소금	1찻술
쇼트닝	1/2컵	우유	1컵
향료	1찻술	달걀	4개

● 만드는 법

① 밀가루·설탕·베이킹 파우더·소금을 체로 잘

친다.

② 거기에다 쇼트닝·우유·향료·달걀을 넣고 잘 섞어 반죽한다.

③ 준비한 팬에 부어 구워 낸 후 그 위에 아이싱을 바른다.

□ 참 고

① 케이크팬은 기름으로 닦아 밀가루를 뿌린 다음에 재료를 넣고 굽는다.

② 구운 케이크는 조금 식힌 뒤에 팬을 톡톡 치면 쉽게 떨어진다.

초콜릿 케이크

■ 재 료

쇼트닝(버터)	1/2컵	설탕	1.25컵
달걀	2개	초콜릿	2온스
밀가루	1.25컵	소다	3/4찻술
소금	1찻술	우유	1컵

● 만드는 법

① 쇼트닝을 녹인 다음 설탕과 달걀을 넣고 잘 섞는다.

② 밀가루·소금을 체에 거른다.

235

③ 재료를 잘 섞은 다음 말랑말랑한 반죽이 될 때까지 반죽한다.

④ 준비된 팬에 반죽을 부어 누렇게 될 때까지 굽는다.

⑤ 초콜릿 아이싱을 바른다.

블랙 케이크

■ 재 료(A)

소트닝이나 버터	2~3컵	설탕	1.3컵
달걀	3개	밀가루	1/4컵
코코아	2/3컵	베이킹 파우더	1/4작은술

■ 재 료(B)

밀가루	1/4컵	코코아	2/3컵
베이킹 파우더	1/4작은술	소다	2.5작은술
소금	1작은술	물	1.5컵
바닐라	1.5작은술		

● 만드는 법

① 쇼트닝을 녹인 다음 설탕·달걀을 넣고 잘 섞는다.

② (B)는 체로 여러 번 잘 친 다음 (A)를 넣고 다른 재료도 넣어 고운 죽이 될 때까지 반죽한다.

236

③ 준비된 팬에 부어 누렇게 될 때까지 구워 낸다.

④ 색깔의 대조를 위해서 케이크가 식은 다음 위에 프로스팅을 바른다.

⑤ 구울 때는 화씨 350도 온도에서 40∼45분간 굽는다.

빵 · 샌드위치

흰 빵

■ 재 료

온수 ························ 1/2컵	이스트 ···················· 2큰술
우유 또는 물 ·············· 1컵	밀가루 ················· 7∼7.5컵
설탕 ······················· 3큰술	소금 ························· 1큰술
버터 ······················· 2큰술	

● 만드는 법

① 큰 냄비에 밀가루 · 버터 · 소금 · 설탕을 넣는다.

② 다른 그릇에 온수와 이스트를 넣고 3∼5분간 둔다. 이때 저으면 안 된다.

③ 3∼5분을 두면 거품처럼 부글부글 올라온다.

④ 다음에 밀가루에 넣고 잘 반죽해서 물수건을 덮어 둔다.

⑤ 1시간 후에 반죽을 다시 해서 덮어 두면 부풀어 오른다.

⑥ 3시간 후에 그 부풀어 오른 덩어리를 3등분 내지 2등분하여 적당한 모양으로 팬 위에 놓는다.

⑦ 이것을 훈훈한 곳에 놓았다가 부풀어 올라온 뒤에 뜨거운 오븐에서 25~30분 동안 구워낸다.

달걀 빵

■ 재 료(A)

온수	1/2컵	이스트	2큰술
우유	1.5컵	설탕	1/4컵
소금	1큰술		

■ 재 료(B)

달걀	3개	버터	1/4컵
밀가루	7.5컵		

● 만드는 법

① 온수에 이스트를 넣고 5분 이상 두면 올라온다.

② 우유를 합친다.

③ (B)에다가 ②를 전부 넣어 잘 뭉쳐서 따뜻한 데에 덮어서 놓아 둔다.

④ 덩어리가 올라올 때 다시 반죽을 했다가 시간마

다 한다.

⑤ 3~4시간 만에 그 덩어리를 3등분으로 나눈 후 길게 뭉쳐서 모양을 만들어 팬에 놓고 한 10분간 덮어 두었다가 부풀으면 굽는다.

샌드위치

■ 재 료

식빵 ······· 500g	달걀 ······· 2개
햄 ······· 3조각	오이 ······· 1개
버터 ······· 2큰술	상추 ······· 1포기
파슬리 ······· 반 단	소금 ······· 조금

후추 ……………………… 조금   화학조미료 ………………………… 조금

마요네즈 소스 ………………… 조금

● 만드는 법

① 식빵은 하루 전에 구워서 한김 나간 것이 제일 좋다.

② 빵은 머리 쪽으로 가지런히 하여 8mm쯤 썰고 한쪽에만 버터를 얇게 발라 2쪽을 맞붙여 놓는다.

③ 햄은 얇게 썰어 프라이팬에 앞뒤로 살짝 구워서 버터가 발린 쪽으로 고르게 편 후에 마주 붙여 놓는다.

④ 달걀은 깨어 흰자·노른자를 함께 섞어 소금과 후추로 간을 한 다음 파슬리를 곱게 다져서 함께 넣고 섞는다.

⑤ 프라이팬에 기름을 두르고 전체적으로 반숙이 되게 달걀을 저어 가면서 익혀 내어 놓고 조금 식은 뒤에 버터가 발린 쪽으로 빵에 발라 맞붙인다.

⑥ 오이는 얇게 썰어 소금에 살짝 절였다가 쓰든가 강판에 갈아 물기를 짜내고 마요네즈 소스로 무쳐 빵에 발라 마주 붙인다.

⑦ 위의 세 가지 재료가 다 되면 차례로 놓고, 물에 적신 가제를 덮어 가볍게 눌러 놓았다가 삼각형이나 사각형으로 썰어 담고 파슬리로 장식한다.

240

롤 샌드위치

■ 재 료

식빵	500g	비엔나 소시지	5개
햄	2조각	딸기 잼	3큰술
마요네즈 소스	1큰술	양겨자	1찻술
파슬리	약간	체리	1개

● 만드는 법

① 식빵은 오래되지 않은 것으로 사각을 가지런히 잘라 낸다.

② 정사각형으로 자른 빵을 한쪽에만 마요네즈 소스와 양겨자 갠 것을 바르고 소시지를 가운데 놓은 다음 돌돌 만다.

③ 다 말은 후에 꼬챙이를 서너 곳에 꽂아서 움직이지 않도록 하고 꼬챙이를 중심으로 하여 토막을 내어 동그란 면이 위로 오게 한다.

④ 파라핀 종이에다 체리의 절반을 잘라 놓고 그 위에 파슬리를 약간 놓아 색을 맞추고 식빵을 한 조각 놓고 잼을 바르든가 햄을 넣고 돌돌 말아 파라핀 쪽으로 놓으면 체리가 꽃 모양으로 예쁘게 보인다.

구운 사과

■ **재 료**(1인분)

사과 ······························ 1개   흑설탕 ···························· 2큰술

버터 ···························· 1찻술   계피가루 ······················ 1/8찻술

● **만드는 법**

① 사과를 깨끗이 씻어 2등분하여 속씨를 동그스름하게 파낸다.

② 그 속에 흑설탕·버터·계피가루를 넣고 뜨거운 오븐에서 45분 정도 굽는다. 이때 오래 구울수록 맛이 좋으며 굽기 전에 사과 표면에 설탕 시럽을 바르면 좋다.

242

애플 소스

■ 재 료

사과	4개	설탕	1/2컵
물	1컵	계피가루	약간

● 만드는 법

① 사과 껍질을 벗기고 사과가 잘 익을 때까지 물에서 끓인다.

② 설탕으로 간을 맞추고 다시 끓인다.

③ 체로 걸러 내면 맑은 국물이 된다.

④ 그 위에다 계피가루를 뿌려서 낸다.

프루츠 소스

■ 재 료

사과	3개	복숭아	3개
배	2개	살구	10개
건포도	1컵	설탕	1컵
물	1컵		

● 만드는 법

① 과일을 전부 깨끗이 씻어 껍질을 벗기고 씨를 뺀 후에 식성에 따라 2등분 또는 4등분하여 씹히는 맛이

있게 하고 국물 같은 것을 원하면 과일을 잘게 썰든가 다지든가 한다.

② 냄비에다가 준비된 과일을 넣고 물과 설탕을 넣어 한참 동안 졸인다.

③ 완전히 식힌 다음에 낸다.

바닐라 크림

■ 재 료

설탕	1/2컵	젤라틴	1큰술
소금	1/4찻술	우유	2.25컵
달걀(노른자)	4개	바닐라	1큰술

● 만드는 법

① 설탕·젤라틴·소금·우유·달걀을 배합하는데, 달걀 노른자는 거품치기로 미리 잘 쳐 두었다가 배합하여야 한다.

② 위의 재료를 그릇에 넣고 불에 얹어서 잘 젓다가 끓기 바로 직전에 내려놓는다.

③ 이것을 찬 물에 담가 식혀 4시간쯤 지나면 젤리 모양이 된다.

④ 완전히 식기 전에 딸기·복숭아 등 신선한 과일을 넣어도 좋다.

244

구운 커스터드

■ 재 료

달걀	2개	설탕	1/3컵
소금	1/4찻술	우유	2컵
바닐라	1/2찻술	향료	1찻술

● 만드는 법

① 달걀·소금·설탕은 거품치기로 잘 휘저어 둔다.

② 우유와 바닐라를 ①에 넣고 섞는다.

③ 마지막으로 향료를 넣고 커스터드 컵에 넣어 40~50분 동안 뜨거운 오븐에서 구워 낸다.

④ 오븐이 없으면 도시락 그릇이나 냄비에 재료를 넣고 찜통에서 오래 쪄도 좋다.

일본 요리

생선요리와 그 특성

생선회(사시미)는 일본 특유의 요리로서 소화도 잘 되고 조리하는 과정에서 손실되는 영양분도 적기 때문에 독특한 요리로 친다.

회의 재료는 어디까지나 싱싱해야 하며 깨끗한 것

을 선택하여야 한다.

흔히 〈회〉라고 하면 생선을 전문으로 다루는 요리집이나 왜식집 같은 데서 사먹는 것으로 생각하는데, 재료만 잘 구비하면 집에서도 만들어 먹을 수 있다. 한두 번 만들어 보면 요령이 생겨서 손에 익숙해진다.

그때는 음식점에서 사먹는 것보다 정갈해서 좋다. 회를 만들 때 사용하는 칼을 따로 마련해 두면 편리하다.

생선꽃회

■ 재 료

계란지단	1장	김	1장
당근	반 개	오이	반 개
오징어	2/3마리	소금	1찻술
기름	약간	참기름	약간

● 만드는 법

① 오징어는 칼집을 내어 1.5cm 너비로 썰어 물에 살짝 데쳐서 소금·참기름으로 간을 맞춘다.

② 오이·당근은 채썰어 기름에 살짝 볶으면서 간을 맞춘다.

③ 위의 재료들을 반 장의 김에 2개를 똑같이 말아서 계란 지단 위에 놓는다.

④ 계란 지단과 함께 말아서 초고추장이나 겨자초

247

장을 발라 보기 좋게 접시에 담는다.

어 회

■ 재 료

생선	2마리
미나리	1단
초고추장	3찻술
무	1토막
배	1개

● 만드는 법

① 생선은 포를 떠서 껍질을 벗기고 곱게 채썰어 소금·참기름에 버무린다.

② 고춧가루에 물을 붓고 묽게 만들어서 분마기에 갈아 놓는다.

③ 무는 납작납작하게 썰어 고추물을 들여서 채친다.

④ 배는 납작납작 썰어 삼삼한 소금물에 담갔다가 지친다.

⑤ 미나리는 소금물에 삶아 무 길이로 썰어 놓는다.

⑥ 접시에 무와 미나리·배를 담고 가운데에 생선을 담아 고추장을 찍어 먹는다.

248

도미 맑은국

■ 재 료

도미	1마리	소금	1홉
다시마	230cm	맑은 간장	1찻술
도당귀(우도)	1개	레몬	1/2개

● 만드는 법

① 도미를 적당히 잘라 놓는다.

② 소금을 많이 뿌려 약 20분간 두었다가 끓는 물에 살짝 데쳐 찬물에 담가서 생선의 피·비늘을 깨끗하게 없앤다.

③ 냄비에 물 10컵과 다시마를 넣어서 생선과 센 불에서 끓인 다음 거품을 떠 버리고 다시마를 건져낸다.

④ 이것을 약 10분 동안 얕은 불에 가만히 놓아 두면 도미가 가지고 있는 맛과 소금기가 우러나서 적당한 맛이 든다. 여기에 맑은 간장과 화학조미료를 약간씩 친다.

⑤ 도당귀를 얇게 썰어 보기 좋게 담고 레몬 반 개를 10조각으로 나누어 담는다.

⑥ 국그릇에다 생선 1토막, 당귀 3장, 레몬을 몇 조각으로 썰고 미나리를 8cm 길이로 잘라 5조각으로 하여 그릇에 담고 국물을 가만히 부어서 내 놓는다.

꽁치구이

■ 재 료(5인분)

꽁치(큰 것)	5마리	소금	약간
밀가루	약간	파(3cm 길이)	1뿌리
생강	1개	기름	2큰술
무(4cm)	1뿌리	소금	약간
단초물	1/2컵	엷은 초	1/2컵
설탕	2큰술	소금	1/2작은술
귤	2개 반		

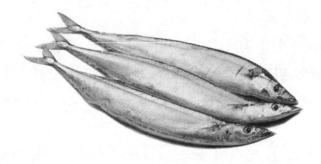

● 만드는 법

① 꽁치살을 둘로 갈라 가지고 다시 둘로 잘라서 소
금을 뿌린 후 10분 동안 있다가 살 쪽에다 밀가루칠을
한다.

② 파를 3cm 길이로 잘라서 잘게 채를 썰어 생강
간 것과 꽁치살 사이에 끼여 가지고 포갠 다음 다시
밀가루칠을 한다.

③ 프라이팬에다 꽁치를 튀긴다.

④ 뚜껑을 덮어서 15분 동안 얕은 불에다 찌는 듯이 구워 가지고 다시 뒤집어서 10분간 구워 낸다.

⑤ 무는 껍질을 벗겨 얇게 썰어 소금에 절였다가 물에 씻어 내어 단초물에 담는다.

⑥ 귤은 반씩 잘라 가지고 국화꽃 모양으로 칼집을 낸 다음, 국화잎을 깔고 접시에 담아서 제공한다.

갈치 소금구이

■ 재 료(10인분)

갈치	1마리	소금	1컵
무	1개	생강즙	약간

● 만드는 법

① 갈치의 등뼈와 내장을 없앤 다음 10토막으로 잘라 물에 깨끗이 씻는다. 쇠꼬치에 가운데 뼈 위를 2번 혹은 3번 꿴다.

② 이 위에 소금을 솔솔 뿌린다.

③ 먼저 두꺼운 데서부터 굽게 되면 쇠꼬치에서 살이 떨어져 빠지지 않고 그대로 모양을 변치 않은 채 구울 수 있다.

④ 강즙한 무·생강즙에다 간장과 곁들여 낸다. 무·생강즙은 산뜻한 맛을 내준다.

○ 응 용

생선 조림식으로 조림을 하여도 된다. 조릴 적에 생 강즙을 조금 넣어서 조리면 더욱 향기롭다.

청어 생물장구이

■ 재 료(2인분)

청어	1마리
생강물	2찻술
간장	2큰술
술	1큰술
설탕	1큰술
화학조미료 1/2찻술	후춧가루 1/3찻술

● 만드는 법

① 청어는 반으로 갈라 살만 내 가지고 1개를 3쪽 (모두 6쪽)으로 자른다.

② 양념간장에 3시간 가량 담가 둔 다음 쇠꼬치에 꿰어 양념간장을 2~3번 표면에 바르면서 구워 낸다.

③ 식사할 때에 무 간 것을 같이 찍어 먹으면 별미 를 얻을 수 있다.

은어 소금구이

■ **재 료**(5인분)

은어(1마리 60g 정도) ····· 5마리   소금(고은 것) ················· 1/2컵

생강 ································· 5개

● **만드는 법**

① 꼬치에 꿰어서 굽는 방법은 여러가지 있으나 은어가 급류(急流)에서 여울을 뛰어 올라가는 모습으로 은어의 몸을 구부려서 꼬치를 꿰어 은어의 날개 · 꽁지 등을 편다.

② 고운 소금을 손에 묻혀서 몸 주변에 골고루 묻히면서 펴 놓으면 마치 은어가 뛰어 나는 형태가 된다.

③ 은어 몸에다 소금을 솔솔 뿌린다.

④ 구울 때는 센 불에서 멀리하여 불그스름하게 안팎을 잘 구워낸다.

⑤ 주의할 것은 은어 날개 · 꽁지를 상하지 않게 구워 내는 것이다.

⑥ 신선한 생강을 잘 다듬어서 약간 데쳐 가지고 초단물에다 담가 둔다.

⑦ 초장은 엷은 초물에다 소금 · 화학조미료로 간을 맞추고 파슬리 등을 섞으면 향내가 좋을 뿐 아니라 맛도 좋다.

문어 조림

■ 재 료

문어	1.5kg	무(큰 것)	1개
빨간 콩	1/2컵	팥	1/2컵
멸치 국물	4컵	술	1컵
누런 설탕	1컵	간장	1컵
화학조미료	1찻술		

● 만드는 법

① 문어는 발 끝을 잘라 버리고 머리 속에 든 먹통을 제거하며 그릇에 넣고 소금을 한 주먹 넣어 빙글빙글 돌리면 미끈미끈한 것이 없어진다.

② 이것을 끓는 물에 약간 데쳐 꺼내 가지고 찬물에 식힌 다음 문어 다리를 각기 잘라 놓는다.

③ 냄비에 무·팥을 깔고 그 위에 문어의 발과 머리를 차곡차곡 재어 놓는다.

④ 화학조미료를 넣은 멸치국물을 냄비에다 부어 조린다.

⑤ 완전히 끓은 다음 얕은 불에다 15분간 익히면 무도 무르고 팥도 무르고 문어도 물렁물렁하게 벚꽃색으로 익어 보기가 좋다.

왕새우 조림

■ 재 료

새우	10마리	정종술	2컵
물	3컵	설탕	1/2컵
소금	2큰술	묽은 간장	1찻술
생강즙	1/2찻술		

● 만드는 법

① 새우는 부드러운 솔로 물에다 깨끗이 씻어 머리부터 등 사이의 마디 부분에 칼을 넣어 껍질을 벗겨 관절 부분을 잘라 5~6개를 만든다.

② 머리는 반으로 쪼개어 아가미를 제거한 후 토막쳐서 물에 씻어 놓는다.

③ 냄비에 술을 넣고 끓이면서 성냥을 켜 대어 알코올 성분이 태워지면 물을 붓고 끓인다.

④ 준비해 둔 새우를 전부 차곡차곡 냄비에 넣고 익기 직전에 설탕·소금·간장·화학조미료를 넣어 국물이 다 끓으면 불에서 내리고, 내릴 무렵에 생강즙을 떨어 뜨린다.

새우 소금구이

■ 재 료

새우(65g 정도) ··············	1마리
소금 ·························	1작은술
간장 ·························	1작은술
생즙 ·························	1작은술
철고리 ······················	1개

● 만드는 법

① 새우 등에다 칼을 넣어서 등창을 빼낸다.

② 길이로 쇠꼬치를 1개 새우에 꿴 다음 꼬치 1개를 옆으로 반 십자(十字) 모양으로 넣는다.

③ 새우에 소금을 뿌린 다음, 좀 센 불에 굽는다.

④ 이것을 접시에 담은 후 생강즙·간장에 내놓으면 퍽 산뜻한 새우 특유의 맛이 난다.

도미찜

■ 재 료(1인분)

도미 ··················	120g	찹쌀 ·················	1/3홉
식용 물감 ·············	약간	소금 ·················	2작은술
설탕 ·················	2작은술	된장 ·················	1큰술
참깨 ·················	1큰술	멸치국물 ·············	2큰술

256

고추 ····························· 2개

● 만드는 법

① 도미살에다 소금을 간간하게 뿌려 놓는다.

② 찹쌀을 잘 씻어 벚꽃 색깔의 식용 물감에다 1시간쯤 담가 두었다가 밥물을 부어 떡쌀 찌듯이 쪄 놓는다.

③ 설탕·소금으로 간을 맞추어 놓고 생선을 물에 씻은 다음 물기를 거둔 후에 찹쌀 찐 것을 위에다 나란히 펼쳐 놓고 증기에다 생선살이 익을 정도로 찐다.

④ 그러면 벚꽃 빛깔로 되어서 보기가 아름답기도 하며, 식욕을 돋우기도 한다. 특히 어린이들에게 더욱 인기가 있다.

⑤ 된장에 붉은 깨를 갈아 넣고 멸치국물을 조금 부어 부드럽게 볶아서 생선살에 발라 먹는다.

게 찜

■ 재 료(1인분)

게	1마리	달걀	1개
소금	3찻술	화학조미료	약간
양파	1/2개	완두콩	1찻술
샐러드	1큰술		

● 만드는 법

① 게는 물에 잘 씻어 가지고 소금을 약간 넣어 찌든가 삶는다.

② 게살을 발려 야채와 조미료를 넣어 살짝 볶은 다음에 계란 노른자를 넣고 섞은 다음 게껍질에다 담는다.

③ 찌는 기구에다 게껍질을 찐 다음 달걀 흰자를 거품나게 저어서 찐 게 위에 올려 놓고 다시 약간 김을 쏘인다.

④ 김을 완전히 쏘인 다음 꺼내서 엷은 초간장을 곁들여 접시에 담는다.

생선전골

■ 재 료(3~4인분)

큰 새우 ··················· 3~4마리	도미살 ························· 3개
고막조개 ····················· 6개	낙지 ··················· 300g(2마리)
바다장어 ············· 150g(2마리)	치살 ···················· 50g(6개)
대합(조개살) ················· 12개	참치 ···················· 50g(6개)

● 만드는 법

① 준비하여 놓은 것을 보기좋게 접시에 늘어놓고 지지는 국물을 위에다 부어 둔다.

② 야채도 깨끗이 씻어 가지고 적당하게 잘라서 역시 접시에다 나란히 잘 담는다.

③ 전골냄비에다 생선 국물을 같이 넣으면서 고기 전골 지지듯이 야채는 옆에다 구어 가면서 익는 그대로 작은 그릇에 퍼내 가지고 식사한다.

④ 지지면서 짠 듯하면 국물을 조금씩 넣으면 맛이 좋아지고 유자 같은 냄새를 풍기며 더욱 향기롭다.

육류 요리

쇠고기 구이와 캐비지 초무침

■ **재 료**(5인분)

쇠고기	300g	간장	2찻술
깨소금	1찻술	후춧가루	1/4술
참기름	1/2찻술	캐비지	100g
마늘	1통	식초	3찻술

● **만드는 법**

① 쇠고기는 물기 없이 닦아서 얇게 저며 도마에 한 조각씩 놓고 잔 칼질을 해 놓는다.

② 간장에 설탕·깨소금·참기름·생강즙·후춧가루·마늘 등을 섞는다.

③ 쇠고기를 양념에 주물러 석쇠에 놓고 센 불에 구워 2.5~3cm 길이로 썬다.

④ 캐비지는 5cm 길이로 채썰어 살짝 데쳐서 2배 초(초 3 · 간장 1)로 무친다.

쇠고기 전골

■ 재 료(3인용)

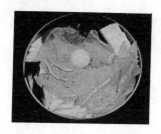

쇠고기 ·························· 600g
배추 ························· 1/4통
두부 ···························· 2모
굵은 파 ·················· 4뿌리
당면 ··························· 10g

달걀 ························· 3개

● 만드는 법
① 쇠고기는 암소의 등심이나 안심을 아주 얇게 썬다.
② 배추는 겉대를 벗기고 연한 부분을 2cm 폭의 긴 네모꼴로 썬다.
③ 파는 어슷썰기로 썰고 두부는 두툼하게 썬다.
④ 당면을 뜨거운 물에서 잠깐 끓여 낸다.
⑤ 냄비를 불에 올려 놓아 뜨거워지면 쇠기름을 끓이다가 쇠고기를 펴 놓아 익힌다. 다음에는 무르기 더딘 순서로 야채를 넣고 설탕과 간장으로 조미한다.
⑥ 당면과 두부를 마지막에 넣고 다른 그릇에 달걀을 풀어 뜨겁게 익은 고기와 야채를 넣어 가며 먹는다.

쇠고기 갈분 조림

■ 재 료(5인분)

쇠고기 ┈┈┈┈┈┈┈ 300g	껍질콩 ┈┈┈┈┈┈┈┈ 100g
간장 ┈┈┈┈┈┈┈┈ 3큰술	설탕 ┈┈┈┈┈┈┈ 1.5큰술
술 ┈┈┈┈┈┈┈┈┈ 1큰술	기름 ┈┈┈┈┈┈┈┈ 1큰술
생강(작은 것) ┈┈┈┈ 1개	갈분 ┈┈┈┈┈┈┈┈ 1큰술

● 만드는 법

① 쇠고기를 쇠기름으로 프라이팬에 볶아 설탕을 넣고 조금 익으면 간장·술·생강을 넣어서 조림을 하고 갈분을 조금 물에 풀어서 쇠고기에 끼얹는다.

② 껍질콩은 별도로 푸른 조림을 하여 같이 그릇에 담는다.

닭고기 맑은 국

■ 재 료(5인분)

닭고기(다진 것) ┈┈┈ 150g	파 ┈┈┈┈┈┈┈┈┈┈ 30g
장국 ┈┈┈┈┈┈┈┈┈ 5컵	생강(갈아서) ┈┈┈ 1/2작은술
간장 ┈┈┈┈┈┈┈┈ 20cc	소금 ┈┈┈┈┈┈┈┈┈┈ 8g

● 만드는 법

① 닭고기를 잘게 썰어서 곱게 다진 후 파의 흰 부

분을 남기고 곱게 다져서 닭고기와 혼합하고 소금 1/2작은술·생강 1/2작은술·갈분 1큰술을 넣어서 10개의 고기 완자를 만든다.

② 끓인 장국에 고기 완자를 넣고 가열하면 떠오른다. 다음 국그릇에 2개씩 담아 두고 6cm 길이로 썰어 놓은 파를 모양있게 넣는다.

③ 장국에 간을 해서 뜨거울 때 식탁에 낸다.

닭고기는 만육기(挽肉器)에 넣어서 갈아도 좋다. 정어리 완자를 고기 완자 대신 넣어도 좋다. 갈분은 육류와 딴 재료가 분리되지 않도록 접착시키는 작용을 한다. 간혹 지단을 넣어서 가열할 때 국이 탁해질 경우에도 고기 완자를 만들어 낸 뒤에 체에 밭인다.

돼지고기 된장국

■ 재 료(5인분)

돼지고기	150g
당근	50g
토란	150g
우엉	50g
파	50g
빨간 된장	75g	화학조미료	소량
물	7컵

● 만드는 법

① 돼지고기는 저며서 썰고 당근은 반달썰기를 한다.

② 토란도 져며 썰고 우엉은 굵은 채썰기를 하여 살짝 삶는다.

③ 파는 2cm로 통째 썰고 된장은 걸러 놓는다.

④ 냄비에 적당량의 물을 붓고 가열하여 돼지고기를 넣고 한번 끓인 것에 당근·토란·우엉을 넣어 연하게 될 때까지 끓인다.

⑤ 거기에 된장과 파를 넣어 조금 끓이다가 식탁에 낸다.

닭고기 덮밥

■ 재 료(5인분)

닭고기	300g	달걀	5개
양파	200g	김	2장
간장	7큰술	설탕	1큰술
술	2큰술	화학조미료	소량
파슬리	소량	백반(봉으로)	1컵

● 만드는 법

① 닭고기는 한 입에 들어갈 수 있을 정도로 찢어 간장을 쳐서 절여 둔다.

263

② 달걀을 모두 깨서 소금 1작은술을 넣어서 푼다.

③ 양파는 둘로 갈라서 3mm 두께로 썰어 둔다.

④ 장국(닭뼈국물)·간장·설탕을 넣어서 끓인다.

⑤ 프라이팬에 위의 국물 6큰술을 떠서 놓고 닭고기·양파를 넣어서 익혀 낸다. 이것을 인원수대로 나눈다.

⑥ 나머지 국물의 1인분씩을 끓여서 위(③⑤)의 달걀과 닭고기, 그리고 양파 1인분을 국자에 담아서 달걀이 반숙이 되면 밥 위에 덮는다.

⑦ 덮밥 위에 김 부스러뜨린 것과 파슬리 다진 것을 뿌린다.

※ 달걀은 반숙이 좋고 식탁 위에 올렸을 때 뜨거워야 하며, 식기는 뚜껑 있는 것이 좋다.

야채 요리

무 강즙 무침

■ 재 료(5인분)

무	1개	생해삼	5개
식초	1/2큰술	간장	1/2큰술
소금	약간	설탕	약간
화학조미료	약간		

● 만드는 법

① 무는 강판에 갈아서 물기를 약간 빼기 위해 조리에 받쳐 놓는다.

② 생해삼은 내장을 꺼내고, 끓는 물에 소금을 조금 넣고 살짝 넣었다가 꺼내어 동글동글하게 썰어 식초와 간장을 뿌려 간이 배게 한다.

③ 무 강즙에 소금과 화학조미료를 뿌려서 섞어 무친다.

④ 그릇에 무 강즙 무친 것을 놓고 그 위에 해삼 무친 것을 놓는다.

⑤ 레몬이 있으면 둥글게 썰어 놓았다가 먹기 직전에 꼭 짜서 섞는다.

무 조림

■ 재 료(5인분)

무	1/2개	두부 튀김(유부)	5장
당근	1개	껍질완두	50g
간장	2큰술	설탕	1큰술
정종	2큰술	쇠고기(스지)	50g
화학조미료	약간		

● 만드는 법

① 무는 둥글고 크게 운두가 3cm 가량으로 썰어서

살뜨물에 삶아서 냉수에 담가 놓는다.

② 두부 튀김은 끓는 물을 끼얹어서 좋지 않은 기름 냄새가 없어지도록 하고, 당근은 마구 썰기로 하여서 준비해 놓는다.

③ 완두콩은 깐 것이면 그대로, 껍질완두면 힘줄을 꺼내고 말갛게 씻어 놓는다.

④ 스지라는 고기는 우리말로 힘줄 고기이다. 이 힘줄 고기를 푹 삶아서 기름기는 없애고 무와 당근·두부·김을 넣고 간장·정종·설탕으로 엷은 간을 하여 푹 고아서 무와 힘줄 고기가 익은 후에 껍질완두를 두고 익혀서 간이 배면 깊은 그릇에 보기 좋게 담아 놓는다.

우엉 된장 무침

■ 재 료(5인분)

우엉	500g	된장	1큰술
정종	2큰술	설탕	1찻술
파	1뿌리	간장	1큰술
멸치다시	1컵	볶은 깨	1큰술

● 만드는 법

① 우엉은 껍질을 벗겨 쌀뜨물에 담가 검은 물을 뺀 후, 맑은 물에 씻어 놓는다.

266

② 손질한 우엉을 길이 5cm로 토막내어 길이로 얄팍하게 썰어 냄비에 넣고, 멸치국물을 넣은 다음에 푹 무르도록 하고 간장으로 간을 맞춘다.

③ 왜된장을 그릇에 넣고 방망이로 곱게 갈아 설탕과 화학조미료 · 정종을 넣고 멸치국물을 조금 넣어 골고루 저어 놓는다.

④ 깨를 볶아서 된장에 섞고 우엉 조린 위에 듬뿍 담아 놓고 찍어 먹든가, 섞어 무치든가 한다.

죽순 조림

■ 재　료(5인분)

죽순	200g	쇠고기	50g
당근	1/2개	표고	2개
간장	1큰술	설탕	1/2큰술
정종	1큰술	다시국물	1컵
소금	약간	화학조미료	약간

● 만드는 법

① 죽순은 쌀뜨물에 푹 삶은 다음 냉수에 담가 꺼내어 절반으로 가른 후에 다시 넓게 썬다.

② 표고는 물에 불려 절반이나 넷으로 쪼개고, 당근은 꽃형으로 떠놓고 쇠고기는 얄팍하게 저민다.

③ 멸치다시마 국물에 간장 · 정종 · 화학조미료 · 설

탕을 넣은 다음 죽순 외의 재료를 전부 넣어 간이 배
도록 은근히 조려 죽순과 함께 그릇에 담아 낸다.

녹두나물 겨자무침

■ 재 료(5인분)

녹두나물	300g	두부튀김	3장
파	1뿌리	돼지고기	100g
간장	1큰술	겨자초간장	1큰술
기름	3큰술	화학조미료	약간
소금	약간	후춧가루	약간

● 만드는 법

① 녹두나물은 씻어서 물기를 빼고 돼지고기는 가
는 젓가락 굵기로 썬다.

② 파는 채치고 두부튀김은 끓는 물을 끼얹어 가늘
게 채친다.

③ 프라이팬에 기름을 3큰술 넣고 달기 시작하면 녹
두나물·두부튀김·돼지고기를 넣어 고기가 익을 때
까지 볶는다.

④ 소금과 화학조미료를 치고 간이 배면 겨자초간
장을 불에서 꺼내기 직전에 치고 무쳐서 그릇에 담아
낸다.

토란조림

■ **재 료**(5인분)

토란	300g	다시국물	2컵
간장	1큰술	소금	약간
화학조미료	약간	볶은깨	약간
정종	1큰술	설탕	1찻술

● **만드는 법**

① 토란은 쌀뜨물에 삶아 냉수에 담그고 미끈거리면 소금물에 넣어 씻는다.

② 냄비에 멸치국물과 간장·정종·설탕·토란을 함께 넣어 간이 배서 국물이 없어지게 될 때까지 푹 쪄지면 볶은깨를 약간 뿌린다.

삶은 감자

■ **재 료**(5인분)

햇감자(작은 것)	300g	소금	1작은술
파슬리	2잎		

● **만드는 법**

① 감자는 자질구레한 것을 골라서 껍질을 벗기고 물에 담가 아린 맛을 빼 놓는다.

② 냄비에 물을 붓고 ①의 감자를 푹 삶다가 소금 약간을 둔 후에 뭉근한 불에 푹 물린다.

③ 뜸이 들었을 때에 뚜껑을 닫은 채로 상하와 좌우로 감자를 흔들어 댄다.

④ 파슬리를 곱게 다져서 감자 위에 뿌려 내기도 한다. 곁들이로는 소금 약간과 버터·설탕 등을 곁들여 낸다.

연근조림

■ 재 료(5인분)

연뿌리	200g	간장	2찻술
정종	1큰술	소금	2찻술
설탕	1/2큰술	식초	1찻술
화학조미료	약간		

● 만드는 법

① 연뿌리는 통째로 손질하는데, 씻어서 껍질을 벗긴 다음 둥글게 썰어 식초물에 담가 놓는다.

② 냄비에 멸치국물을 1컵 붓고 담가 두었던 연뿌리를 넣고 약한 불에 올려 놓는다.

③ 소금과 설탕·화학조미료를 넣어 간을 맞춘 후 정종을 넣고 조린다.

송이와 두부 맑은국

■ 재 료(5인분)

두부	1모	송이	3개
유자껍질	조금	장국	5컵

● 만드는 법

① 송이는 옅은 소금물에 씻어 5mm 두께로 길게 썬다.

② 장국물을 끓이다가 소금 2찻술과 간장 1큰술로 간한 뒤 두부를 가로 1cm, 세로 2cm로 썰어 넣고 끓인다.

③ 두부가 끓어서 떠오르면 송이를 넣고 국냄비를 불에서 내려 놓는다.

④ 국그릇에 떠 담고 유자껍질을 가늘게 썰어 2~3조각 띄운다.

두부 · 김 튀김

■ 재 료(5인분)

두부	3모	김	3장
달걀	1개	밀가루	1작은술
소금	적당히	후춧가루	적당히
화학조미료	적당히	튀김기름	쓰는 대로

● 만드는 법

① 두부는 베보자기에 넣고 물기를 꼭 짜 달걀·소금·후춧가루·화학조미료를 넣어 잘 주물러 놓는다.

② 위의 것을 김에 말아 놓는다.

③ 기름이 끓으면 말아 놓은 두부를 기름에 노릇노릇하게 튀겨 낸다.

④ 두부가 식으면 모양 있게 썰어 초간장을 곁들여 낸다.

탕두부

■ 재 료(5인분)

두부	3모	다시마	1장
소다	1찻술	생강	1톨
파	2뿌리	김	3장
간장	적당히	고춧가루	약간
설탕	약간	화학조미료	약간

● 만드는 법

① 두부는 네모로 썬다.

② 다시마는 젖은 행주로 깨끗이 닦아 모래를 없앤다.

③ 냄비에 물 5컵을 붓고 다시마를 넣고 끓이다가 소다를 넣은 후 썰어 놓은 두부를 넣는다.

272

④ 양념장을 만들어 각각의 종지에 덜어 찍어 먹는다.

두부·고기 구이

■ 재 료(5인분)

두부	3모	쇠고기	200g
밀가루	2큰술	달걀	1개
간장	2큰술	소금	1큰술
설탕	2큰술	면실유	적당히

● 만드는 법

① 두부는 가로 3cm, 세로 5cm로 썰어 소금을 뿌려 노랗게 지져낸다.

② 달걀은 풀어 놓는다.

③ 두부에 밀가루·달걀을 묻혀 쇠고기 양념한 것을 얹어 냄비에 가지런히 놓고 간장·설탕을 뿌려 약한 불에서 서서히 조려 낸다.

● 양념장 만드는 법

① 생강을 강판에 간다.

② 파는 둥글게 썰어 행주에 싸서 찬물에 비벼가며 헹군다.

③ 김은 부스러뜨려 놓는다.

④ 위의 재료에다 고춧가루·간장·설탕·화학조미료를 넣고 잘 섞는다.

국수 요리

메밀 국수

■ 재 료

메밀가루	3컵	다시국물	2컵
간장	3큰술	김	2장
정종	2큰술	설탕	1큰술
파	1뿌리	무강즙	2큰술
화학조미료	약간	겨자초장	약간

● 만드는 법

① 메밀가루를 끓는 물에 반죽하여 말랑말랑하게 만들어 놓은 다음 넓은 도마에 가루를 뿌리고 넓게 밀어서 가늘게 썰어 놓는다.

② 물을 펄펄 끓이다가 소금을 약간 넣고 메밀 국수를 삶아 냉수에 건져 놓고 다시 한 번 헹구어 사각 채반에 담고, 채반 위의 국수에 김을 구워 바수어서 뿌린다.

냉국수

■ 재 료

국수(가는 것)	500g	다시국물	1.5컵
간장	1/2컵	정종	1/2컵
달걀 지단	1개분	껍질완두	50g
소금	1/2찻술	토마토	1개
오이	1/2개	당근	1/2개
화학조미료	약간	설탕	약간
얼음	약간		

● 만드는 법

① 가는 국수를 강한 불에 삶아서 냉수에 건졌다가 시원한 유리 그릇에 담고 얼음물을 부어 놓는다.

② 다시국물에 간장·정종·설탕·화학조미료를 쳐넣고 완전히 채워 둔 국수를 다시국물에 적셔 먹는다.

③ 상에는 토마도와 달걀 지단 채친 것, 완두콩을 소금과 설탕·정종으로 간하여 익힌 것을 곁들이고

275

오이 김치나 배추 김치를 놓는다.

  ※ 국수는 물이 많은 냄비에 삶아야 한다. 장국이
    더우면 별로 맛이 없다. 파는 채쳐서 가제에 싸
    서 물에 빨아 내놓는다. 그러면 보송보송하고
    맛있는 파양념이 된다.

달걀 국수

■ 재 료

국수	1묶음	밀가루	2컵
소금	약간	다시국물	3컵
달걀	2개	파	1뿌리
고춧가루	약간	쑥갓	2잎
간장	1큰술	정종	1큰술

● 만드는 법

  ① 국수는 밀가루로 만드는 경우는 녹신하게 반죽
을 해서 밀대로 민 다음에 분가루는 녹말가루로 하면
몸이 고와진다.

  ② 넓게 밀어서 길게 썬 다음에 끓는 물에 소금 약
간을 넣고 삶아내서 냉수에 헹구어 사리를 만들어 놓
는다.

  ③ 다시국은 위의 방법으로 하여 냄비에 담고 간장
과 정종으로 간을 한 다음에 달걀을 풀어 넣는다.

276

④ 파도 채쳐 넣고 쑥갓을 한 옆에 놓아서 더운 국을 국수 담은 그릇에 부어 낸다.

고기 국수

■ 재 료

국수	300g	쇠고기	100g
달걀	1개	다시국물	3컵
파	2뿌리	간장	2큰술
정종	1큰술	시금치	약간
양파	1개		

● 만드는 법

① 국수는 그릇에 알맞게 담아 놓는다.

② 다시국을 냄비에 담고 쇠고기를 얄팍얄팍 썰어서 함께 불에 놓으면 고기의 색깔이 허옇게 변하면서 익는다. 이 때에 간장과 정종·소금·화학조미료를 치고 양파를 넣어서 익을 때에 달걀을 풀고 파를 채쳐서 함께 섞어서 끓는 고깃국에 넣는다. 즉시 달걀과 파가 익게 되므로 국수에 일단 더운 국을 담았다가 따라내고 뜨겁게 국물을 부어 낸다.

③ 시금치나 푸른 야채는 맨 나중에 내도록 한다.

277

굴국수

■ 재 료

국수	300g	굴	1컵
달걀	1개	쑥갓	반 단
간장	2큰술	정종	1큰술
다시국물	4컵	파	1뿌리
설탕	1/2찻술	소금	1/2찻술
고춧가루	약간	후춧가루	약간
화학조미료	약간		

● 만드는 법

① 국수는 삶아서 씻어 적당한 냄비에 담는다.

② 다시국물에 간장·정종을 넣고, 펄펄 끓을 때에 달걀과 굴을 넣는다.

③ 굴이 살짝 익으면 꺼내어 국수에 붓는다.

④ 달걀 지단은 노른자를 함께 섞어 소금을 약간 쳐서 부친 다음 채썰어 굴국수 한 쪽에 장식하고 쑥갓을 곁들인다.

스끼야끼 국수

■ 재 료

		국수	200g
		쇠고기	200g
		배추	3잎
		양파	2개
		당근	1개
당면	20g	버섯	5개
쑥갓	1단	달걀	2개
간장	3큰술	정종	1큰술
다시국물	2컵	설탕	2찻술

● 만드는 법

① 국수는 삶아서 더운 물에 내려 그릇에 담는다.

② 쇠고기는 얇게 썰고 파와 양파도 얇게 썬다.

③ 당근은 꽃모양으로 잘라서 끓는 물에 살짝 데치고, 당면은 삶아 건진 다음 썰어 놓는다.

④ 스끼야끼 냄비에 기름을 두르고 뜨거워지면 쇠고기를 펴놓고 설탕·간장을 뿌려 익힌다.

⑤ 그 위에다 야채 썬 것을 얹고, 익을 때쯤에 다시 국물과 간장·정종·화학조미료 등을 넣고 당면 삶은 것도 넣어서 한 번 더 끓인다.

⑥ 국수 담은 그릇에다 스끼야끼를 담뿍 부어 낸다.

279

여러가지 밥

도미밥

■ **재 료**(1인분)

쌀	1컵	물	1컵
정종	1큰술	간장	2/3컵
도미(살)	50g	소금	1찻술
설탕	2찻술	화학조미료	약간
식홍	약간		

● 만드는 법

① 깨끗이 씻은 도미는 소금·후추를 뿌려 찜통에 쪄서, 가시를 발라 내고 행주에 싸서 냉수에 흔들어 꼭 짠 다음, 냄비에 넣고 소금·설탕을 부어 나무 주걱으로 잘 저어 가며 볶은 후 식홍을 조금 넣어 발갛게 물들인다.

② 쌀은 1시간 전에 씻어 건져 물기를 뺀 다음 물 1컵·정종 1큰술·간장 2/3큰술·화학조미료 조금을 넣고 고슬고슬하게 밥을 짓는다.

③ 그릇에 밥을 담고 도미 볶은 것을 그 위에 고루 펴 얹은 다음 홍생강채를 가운데에 조금 얹는다.

○ 홍생강 만드는 법

생강을 채썰어 소금에 살짝 절였다가 냉수에 흔들어 접시에 담고, 식초·설탕을 넣고 식홍으로 물들인다.

밤 밥

■ 재 료(5인분)

쌀	5컵	밤	500g
정종	2/3컵	소금	1/2작은술
다시마	20cm		

● 만드는 법

① 쌀은 밥을 짓기 1시간 전에 씻어서 소쿠리에 건져 물기를 걸어 놓는다.

② 밤은 하룻밤 물에 담가 껍질을 벗겨 큰 것은 두 쪽이나, 세 쪽으로 썰어 놓는다.

③ 물 6컵(묵은 쌀일 경우)에 정종과 다시마를 넣고 끓이다가 다시마는 건져내고 소금을 넣어 간을 맞춘 후 쌀과 밤을 넣어 밥을 짓는다.

※ 밤은 속껍질을 완전히 잘 깎아서 넣어야지 그렇지 않으면 밥이 떫어진다.

송이밥

■ 재 료(5인분)

쌀	5컵	장국	5.5컵
간장	3큰술	소금	1찻술
정종	4큰술	송이	150g

● 만드는 법

① 쌀을 씻어서 일어 건졌다가 물기를 빼고 장국물을 부어 30분 정도 둔다.

② 송이는 소금물에 씻어 네모꼴로 길쭉하게 썬다.

③ 장국에 담가 놓은 쌀에 술·간장·소금을 넣어 잘 저은 다음 송이를 얹어 밥을 짓는다.

④ 밥이 다 되면 송이를 골고루 섞어 밥그릇에 푼다.

밥이 다 될 무렵에 완두콩을 조금 얹어 뜸을 들여서 섞어 푸면 더욱 좋다.

주먹밥

주먹밥을 삼각형 또는 숯섬 모양으로 만들어서 대나무 껍질 같은 데에 싼 것은 참으로 별미가 있어 보인다. 주먹밥 하나하나에 속을 달리 해서 무엇이 들어있나 알아 맞추기를 하며 먹는 것도 재미있는 오락 중의 하나이다.

주먹밥을 모양뿐만 아니라 여러가지 색으로 조화를 이루고 또 여러가지로 속을 박아서 담으면 제법 야외에 나가는 꽃놀이밥이 된다.

이렇게 차려 놓은 주먹밥을 각각 셀로판 종이나 대껍질 같은 데 싸 가지고 가면 손이 더럽다 하더라도 맨손으로 먹을 수 있어 위생적이다.

● 만드는 법 Ⓐ
달걀을 풀어 소금으로 간을 맞추어 불에 올려 놓은 프라이팬에 붓고 젓가락으로 빨리 저어서 망울망울하게 볶아 주먹밥에 묻는다.
주먹밥 속에는 생강채와 오이 장아찌를 참기름에 무쳐 넣는다.

● 만드는 법 Ⓑ
숯불에 석쇠를 올려 놓고 그 위에 주먹밥을 놓고 한 번 구워지면 간장을 발라서 다시 한 번 향기롭게 구워 낸다.

● 만드는 법 Ⓒ
주먹밥 속에 박오가리나 장조림 같은 것을 넣고 겉에는 김가루나 통깨를 뿌린다.

○ 주먹밥을 맛있게 만들려면
① 먼저 밥은 식지 않은 뜨거운 것이어야 한다.
② 손끝에 힘을 주어 꽉꽉 뭉치지 말고 어깨에 힘을 주어 가볍게 뭉쳐야 한다.

③ 손에는 너무 물기를 주지 말아야 한다.

초밥짓기

■ 재 료

쌀	5컵	물	5컵 반
식초 탄 물	1/3컵	소금	1큰술
설탕	2큰술	화학조미료	약간

● 만드는 법

① 쌀은 밥짓기 1시간 전에 씻어서 소쿠리에 건져 물기를 뺀다.

② 밥을 고슬고슬하게 지어 놓는다.

③ 새콤한 초물 1/3컵에 소금 1큰술·설탕 2큰술· 화학조미료를 넣고 그것을 뜨거운 밥에 고루 퍼지게 한다.

생선초밥

■ 재 료(5인분)

전복	150g	민어	150g
오징어	1마리	피조개	5개
장어	3마리	간장	4큰술
정종	2큰술	설탕	3큰술

와사비 ························· 3큰술   홍생강 ···························· 적당히
대잎 ························· 적당히

● 만드는 법

① 초밥은 간맞추어 짓는다.

② 전복은 싱싱한 것으로 껍질에서 따 내고 깨끗이 다듬어 씻은 다음 약 3cm 폭에 6~7cm 길이, 두께 6mm로 자른다.

③ 오징어와 민어도 전복과 같은 크기로 썰어 놓는다.

④ 피조개는 소금으로 주물러 깨끗이 씻은 다음 얇게 저민다.

⑤ 장어는 등을 갈라 머리와 뼈를 발라내고 타지 않게 구워 간장 4큰술 · 정종 2큰술 · 설탕 3큰술 · 화학 조미료를 섞은 국물로 살짝 조려서 5~6cm 길이로 잘라 놓는다.

⑥ 양념간장은 간장 1큰술과 설탕 1큰술을 넣어 끓여서 만든다.

○ 생선초밥 싸는 법

① 밥을 두 입 정도의 크기로 왼손바닥에 놓고 오른손 둘째 손가락과 세째 손가락으로 가볍게 눌러 뭉친 다음, 생선회의 가운데에 와사비를 개어 뭉친 밥에 얹어 싸 놓는다.

② 밥을 가볍게 뭉친 위에 와사비를 조금 찍어 바르고 생선회를 작게 저며 떠서 얹어 놓아도 된다.

③ 장어같이 익힌 것은 와사비를 바르지 않고 밥을 뭉쳐 싼 위에 양념장을 발라서 낸다.

김초밥

어른이나 아이들의 도시락용으로 가장 환영을 받는 음식이다.

■ 재 료

표고버섯	30g
간장	조금
설탕	조금
정종	조금
멸치국물	조금
시금치	조금
화학조미료	조금
소금	조금
왜무 짠지	조금
흰살 생선	150g
식용 물감	조금

김 ································· 10장

◆양념초물

식초 ··············· 5큰술   소금 ················· 1큰술

설탕 ··············· 2큰술

● 만드는 법

① 초밥을 간맞추어 고슬고슬하게 짓는다.

② 생선은 내장을 전부 발라 내고 소금·후추를 뿌렸다가 찜통에서 중탕으로 쪄낸 다음 행쥬에 싸서 찬물에 흔들어 비린 맛을 빼낸 다음 냄비에 담는다.

이것을 부스러뜨려 설탕과 소금으로 조미하고 식용물감(빨간색)을 들인다.

③ 표고버섯은 설탕을 조금 넣은 물에 불려서 채를 썰고 간장·정종·설탕에 조린다.

④ 시금치는 살짝 데쳐 간장과 화학조미료에 무친다.

⑤ 왜무 짠지는 껍질 쪽을 썰어서 다시 가늘게 채썰고, 초·설탕물에 담가 놓는다.

⑥ 먼저 도마 위에 김발을 놓고 김 한 장을 살짝 구워서 올려 놓고 밥을 앞쪽에서부터 김의 2/3까지만 펼쳐 놓는다. 준비한 여러가지 속을 여기에 얹고 가볍게 말아서 눌러 모양을 잡은 뒤에 1cm나 1.5cm 길이로 썰어 놓는다.

○ 마는 법의 응용

① 김을 반 장으로 오려서 가늘게 3개 말고(이때에는 속을 한 가지씩만 박아야 한다) 큰 김 한 장에 밥을 얇게 펴 놓고 가는 것 3개를 한데 올려 놓고 돌돌 말아 썰어 놓으면 김초밥 모양이 참 예쁘고 보기 좋다.

② 또 가는 것 5개를 소보로만 넣고 만 다음 계란을 보슬보슬하게 볶아서 김 한 장에 밥을 얇게 펴서 놓고 가는 것 5개를 잘 오므려 얹고 그 가운데에 계란 볶은 것을 속을 박아 말면 썰어 놓은 것이 마치 벚꽃이 핀 것 같다.

유부초밥

역시 도시락용으로 적당한 음식이다.

■ 재 료(5인분)

초밥쌀 ……………………… 5컵	
유부(7cm 네모진 것) ……… 20개	
멸치국물 ………………… 1컵 반	
정종 ……………………… 3큰술	
간장 ……………………… 2큰술	
설탕 …………… 4큰술	소금 ……………………… 1찻술
화학조미료 ………… 약간	당근 ……………………… 100g
우엉 …………… 70g	검정깨(통깨) ……………… 2큰술

● 만드는 법

① 유부는 끓는 물에 데쳐 냉수에 헹구어 기름기를 빼고 대각선 방향으로 반 갈라 가운데를 찢어지지 않도록 갈라 놓는다.

② 다음은 냄비에 유부를 넣고 멸치국물·간장·설탕·정종·소금 조금을 넣고 불에 놓아 조려낸다.

③ 당근과 우엉은 잘게 썰어 설탕·소금 등으로 조미하여 조려 낸다.

④ 초밥 짓는 요령으로 지은 양념초밥에 당근과 우엉 조린 것을 넣고 검정 통깨를 넣어 버무려서 손으로 가볍게 뭉친 다음 조린 유부 속에 가볍게 넣어 박는다.

⑤ 김을 한 장 바싹 구워서 곱게 부슬려 ④에서 만들어 놓은 유부초밥 위의 한쪽에 조금 묻혀 놓으면 더욱 볼품이 있다.

⑥ 접시에 예쁘게 둘러 담고 홍생강과 파슬리를 곁들여 내면 좋다.

왜된장국

■ 재 료(5인분)

왜된장	3큰술	멸치다시	5컵
미역	100g	두부	반 모
파	1뿌리	화학조미료	약간

290

소금 ································· 약간   고춧가루 ···························· 약간

● 만드는 법

① 두부는 물에 담가 두었다가 1.5cm 각으로 썬다.

② 미역은 불려 줄기를 다듬고 3cm 길이로 썬다.

③ 냄비에 다시국물과 미역을 넣어 함께 끓이고, 끓기 시작하면 된장을 걸러 붓는다. 두부는 나중에 넣는데 끓기 시작하면 둥둥 뜨게 된다.

④ 파는 둥글게 썰어서 준비해 놓고, 된장국을 담기 직전에 파를 넣는다.

고춧가루는 준비하여 곁들여 내도록 한다.

송이 맑은 국

■ 재 료(5인분)

도미	150g	송이	5개
유자 껍질	1/2개	장국물	5컵
소금	2작은술	화학조미료	약간

● 만드는 법

① 도미를 먹기 좋게 토막을 쳐서 소금을 뿌려 쟁여 놓았다가 녹말가루를 가볍게 묻혀서 끓는 물에 데쳐 낸다. 생선은 건져 놓고 국물은 소금과 화학조미료로

291

간을 맞추어 잠깐 끓여 놓는다.

② 송이는 엷은 소금물에 씻어 5mm 두께가 되게 도미 삶은 국물에 살짝 데쳐서 건져 놓는다.

③ 유자 껍질은 4cm 길이로 반듯하게 채썰어 놓는다.

④ 이상의 준비가 되면 왜식 국그릇에 도미와 송이 · 유자 등을 나누어 담고 장국물을 펄펄 끓이면서 도미 국물을 가제에 받쳐 섞고 국물 간을 맞추어 뜨거울 때 국그릇에 나누어 붓는다.

살림의 지혜

◈ 쌀과 보리쌀을 보관하는 법

쌀을 가마니로 들여놓고 먹을 때는 가마니를 비워서 독 속에 보관하는 것보다는 가마니째로 통풍이 잘 되는 곳에 놓아 두는 것이 좋다. 또는 쌀 속에 마늘 몇 쪽을 넣어두면 벌레가 생기지 않는다. 그리고 보리쌀에는 싱싱한 복숭아나 무잎을 구해서 속에 넣어두면 안전하다.

◈ 보리 저장하는 방법

보리를 농가에서 보관하다 보면 벌레 또는 썩는 수가 많다. 그러나 방충제를 안전한 방법으로 한쪽 구석에 매달아 두든가 또는 소금을 조금씩 섞은 다음 가마니에 두면 완전하다.

◈ 쌀에 벌레가 생기지 않게 하는 비결

쌀가마니를 소금가마니로 덮으면 벌레가 생기지 않는다. 또는 쌀독 밑에 묵은 마늘을 묻어 두어도 생기지 않는다.

된밥과 진밥을 한 솥에서 동시에 하는 방법

많은 가족 가운데, 된밥을 좋아하는 분과 진밥을 좋아하는 분이 있으면 쌀을 솥에 안칠 때 솥 한 쪽으로 쌀을 몰아서 쌀의 일부가 물 위에 나오도록 해서 안친다. 그러면 물에 잠긴 부분은 진밥이 되고, 물 위에 나온 부분은 된밥이 되어서 동시에 가족들의 두 가지 구미를 맞출 수 있어서 즐거운 식사를 할 수 있다.

바닷물로 밥짓는 비결

솥 속에 대접을 엎어 놓고 쌀을 넣은 다음에 바닷물을 부어 밥을 지으면 짠기는 대접 속으로 들어가 밥은 짠맛이 없어진다.

밥 탄 냄새를 안 나게 하는 법

밥이 타게 되면 밥 전체에 퍼지게 되는데 이럴 때는 깨끗한 종이나 헌 냄비뚜껑 또는 주걱 같은 것을 밥 위에다 놓고 거기에 큰 숯덩어리를 한두 개 얹어 놓은 다음에 솥뚜껑을 닫아 두고 얼마쯤 지나면 탄 냄새는 깨끗이 없어진다.

밥과 죽을 한솥에서 동시에 만들려면

가정에 아기나 환자가 있을 때는 밥도 지어야 하고, 미움도 따로 끓여야 하는 번거로움이 있는데, 이럴 때는 밥솥에 밥알이 넘어 들어가지 않을 정도의 높이로

294

빈 공기를 하나 올려 놓으면 밥이 다 지어졌을 때 공기 속에도 미움이 한 그릇 담겨 있게 된다. 다만 밥물을 평상시보다 조금 더 부어야 한다.

▨ 밥이 설었을 때는
밥이 설었을 때는 뜨거운 물을 조금 붓고 약한 불로 잠시 쪄도 된다. 그러나 당장 뜨거운 물이 없을 때에는 정종을 찻숟갈로 서너 숟가락을 선밥 위에 뿌리고 다시 찌면 감쪽같이 밥이 익는다.

▨ 밥을 쉬지 않게 하는 법
밥을 지을 때 아예 식초 두어 숟가락을 넣어서 지으면 입맛을 돋우어 주는 역할도 하고 쉴 염려도 없다.

▨ 찹쌀죽의 효과는?
산후에 젖이 잘 나오지 않아 애먹을 때에는 찹쌀로 죽을 쑤어 먹거나 찹쌀을 넣고 끓인 된장국을 먹으면 젖이 잘 나오게 된다. 또 위와 장이 나빠서 설사를 할 때에도 찹쌀죽을 쑤어 먹으면 아주 신기할 정도로 잘 낫는다. 찹쌀에는 비타민 A와 B가 풍부하기 때문에 비타민 A · B의 보충용으로도 좋은 식품이 되는 것이다.

▨ 떡쌀을 물 속에 담그는 시간은
대개 떡쌀을 밤에 담가 두었다가 아침에 찧는 경우

가 많다. 그러나 너무 오래 담가 놓는 것은 좋지 않다. 쌀이 물을 빨아들이는 속도는 처음 5분 동안에 10%, 1시간 뒤에 80%가 된다. 그래서 3시간이 넘으면 쌀은 더 이상 물기를 흡수하지 않게 된다.

▨ 쌀의 뭇내를 없애는 방법

아침밥 지을 쌀을 전날 저녁에 미리 꺼내 식초 한 방울을 떨군 물에 그 쌀을 담갔다가 씻어서 소쿠리에 받쳐 물기를 빼놓는다. 다음날 아침, 밥을 지을 때 한 번 더 미지근한 물로 헹군 후 밥을 지으면 전혀 뭇내가 나지 않는다.

▨ 밀가루 혼합 송편을 만드는 방법

쌀가루와 밀가루를 고루 섞어서 체로 쳐서 덩어리를 없앤 다음 펄펄 끓는 뜨거운 물로 반죽을 한다. 그래야 밀가루로 인해서 약해지는 쫄깃쫄깃한 맛을 지닐 수가 있다. 그리고 밀가루로 해서 송편의 색이 누렇게 될테니까, 쑥물을 들이거나 다른 식용 색소를 넣는 것도 한 좋은 예이다.

▨ 밀가루 반죽을 손쉽게 하는 방법

밀가루에 알맞게 물을 넣어 대강 주물러서 덩어리를 만든다. 그런 다음 힘들여서 치대지 말고 이 덩어리를 깨끗한 비닐 봉지에 넣어 20분 가량 싸 두었다가 반죽을 하면 조금도 힘들이지 않고 반죽이 잘 된다.

✖ 국수를 맛있고 불지 않게 삶으려면

끓는 물에 국수를 넣고 어느 정도 끓인 다음 국수 한 가락을 끄집어 내서 타일벽이나 유리창에 던져서 만일 국수가 그 위에 붙으면 적당히 삶아진 것이고 붙지 않고 떨어지면 아직 덜 삶아진 것이다. 그리고 국수를 삶을 때는 국수를 잘 젓지 않으면 삶는 도중에 서로 달라붙는 수가 많이 있다. 또 삶는 도중이 아니더라도 건져내 식혀서 둘 때도 잘 달라붙는다.

그러니까 국수를 삶을 때 참기름이나 샐러드 기름을 한 숟가락 넣으면 국수가 붙지도 않고 또 한결 부드러워진다.

✖ 말랑말랑한 빵을 보기좋게 자르려면

칼을 불에 뜨겁게 쬐어서 잘라 보면 아무리 말랑말랑한 빵이라도 마치 기계가 자른 것같이 곱게, 그리고 쉽게 썰어질 것이다. 칼이 식으면 다시 불에 쬐어서 자른다.

✖ 삶은 계란과 생계란을 가려내는 방법

계란을 평평한 곳에 올려놓고 손가락으로 가볍게 돌려 본다. '빙글빙글 잘 도는 계란은 찐 계란이고, 두어 번 돌다가 서 버리는 계란은 날 계란이다.

297

▨ 계란은 씻어 두는 것이 나쁘다

계란은 살아 있는 것이기 때문에 물로 씻으면 호흡 작용이 잘 안되어서 쉽게 상하게 된다. 그러니까 계절 적으로도 계란이 상하기 쉬운 철에는 보관할 때도 아 무렇게나 두지 말고 둥근 쪽이 위로 가게 하고, 냉장 고에 보관을 하면 비교적 오래 가긴 하지만 이것도 10일 이상은 지나지 않도록 하는 것이 좋다.

▨ 계란을 곱게 찌는 방법

계란이 그릇에 부딪쳤거나 냉장고 속에 넣어 두었 던 것을 갑자기 뜨거운 물에 넣기 때문에 껍질이 팽창 해서 깨지는 것이다. 이럴 때는 끓는 물에 소금을 조 금 집어넣거나 식초를 서너 방울 떨어뜨리면 깨진 곳 에서 계란이 밖으로 흘러나오지 않고, 그대로 익게 된 다.

▨ 겨울 배추의 저장

시골에서는 무 구덩이에 넣어서 보관할 수 있으나 도시에서는 어려운 일. 종이로 두세 겹 푹 싸고 군데 군데 구멍을 뚫어서 약간 공기 유통이 되게 하면 비교 적 오래 둘 수 있다.

저장 장소가 추우면 곤란하고 얼지 않을 정도의 장 소면 좋다.

❖ 푸른 채소의 싱싱한 저장

미나리나 쑥갓 등이 먹다 남으면 미나리는 잎을 더러 다듬어 버리고 쑥갓은 그대로 파라핀 종이에 싸서 물에 담가 어두운 곳에 두고 매일 물을 갈아 주면 4~5일은 싱싱한 채 견딘다.

❖ 채소 보존법

옥시풀을 조금 섞은 물에 신문지 한쪽을 적시고 물에 적신 쪽을 안쪽으로 가게 두 겹으로 접는다. 이 신문지로 채소를 싸서 냉장고에 넣어 두면 여름에는 닷새쯤 신선한 채로 있다. 살이 무른 상추나 파슬리도 4~5일 보존된다.

주의할 것은 신문지를 푼 다음에는 속히 써 버려야 한다.

❖ 채소류를 깨끗이 말리려면

시래기나 고추 등을 말릴 때는 채소 자체의 태양볕에 의한 변화를 막아야 한다.

따뜻한 물에 소금을 조금 섞어서 채소를 담갔다가 말리면 채소의 변색을 막을 수 있다.

가지나 호박 등은 수분이 비교적 적으므로 얇게 썰어서 볕이 잘 드는 유리문 안에 널어서 말리면 직사광선·먼지를 피하게 되므로 변색을 막을 수 있고 또 위생적이다. 그리고 말린 오가리들은 따로따로 비닐 봉지에 넣어서 봉하여 건조한 곳에 보관하면 오래 두어도 곰팡이가 날 염려가 없다. 보관할 때는 대개 한번 사용할 만큼의 분량씩 봉해 두는 것이 내어 쓰기에 편하다.

▧ 무 등의 저장법

무를 늦은 봄까지 속이 안 비고 싱싱하게 보존하는 방법을 알아보자.

저장 구덩이의 깊이를 무의 길이만큼 파고, 넓이는 무의 수량에 따라 적당히 한 다음 무를 구덩이 한편에서부터 모조리 세워 놓는다. 다음 무 사이에 가루흙을 넣고 무를 흔들어서 사이사이에 흙을 꼭 채우고 무 위에 2~3cm 가량 얇게 흙을 덮는다. 그리고 거적이나 이엉으로 덮은 다음 북더기나 짚으로 얼지 않게 하고 수시로 한편에서부터 꺼내 쓰면 된다.

▧ 냉장고의 식품 저장

냉장고에 칸막이와 선반이 있다고 식품의 구별 없이 상하로 마구 넣으면 때로는 음식의 맛을 손상시키기 쉽고 지나치게 얼려 신선미를 잃게 되기도 한다. 식품은 각각 저장하는 데 적당한 온도가 있으므로 냉장고의 사용법을 익혀야 효과적으로 이용할 수 있다.

육류와 햄·소시지·생선 등은 부패하기 쉬우므로 냉각기에서 가장 가까운 곳에 저장한다. 적당한 온도는 섭씨 0~3도다.

일단 뜯은 캔 식품은 상할 우려가 있으니 섭씨 0~5도에 저장할 것.

사과나 배·레몬 등은 섭씨 3~5도를 유지할 수 있는 곳이면 좋으나 바나나같이 살이 무른 것은 냉장고에 오래 넣어 두면 오히려 상하기 쉽기 때문에 먹기 조금 전에 넣어 차게 하는 방법이 이상적이다.

대체로 과일은 저온 조절이 적당하니까 냉장고의 아래 칸이면 된다. 야채도 섭씨 5도의 온도 유지가 가장 좋으며, 수분 발산을 막을 수 있게 비닐 주머니에 넣어서 맨 아래 칸에 저장한다.

맥주나 사이다·우유 등은 너무 냉각하면 맛이 떨어지므로 비교적 온도가 높은 냉장고의 문 안쪽에서 10도를 기준으로 저장한다.

달걀은 특별히 냉각할 필요가 없는 식품이기 때문에 부패를 막을 정도로 보관하면 되므로 냉장고의 문 안쪽 맨 위에 두면 된다.

냉장고에 빈 자리가 있다고 해서 식품을 꼭 채워 넣으면 냉기의 대류가 잘 안된다. 냉장고의 크기와 식품의 분량을 대조하여 식품을 구입하도록 하고 생으로 먹는 음식과 냄새가 나는 음식을 구별하여 식품 서로의 냄새가 혼합되지 않도록 해야 한다.

냉장고 속은 늘 깨끗이 하고 문을 자주 여닫아 온도 변화가 생기지 않도록 해야 한다.

▧ 음식물을 시지 않게 하는 방법

구멍이 없는 비닐 봉지에 음식물을 넣고 꼭 매어서 찬물에 담가 두면 잘 시지 않는다.

▧ 질긴 쇠고기를 연하게 조리하는 법

고기를 식초나 배물로 씻어서 2시간 가량 두었다가 요리를 하면 매우 연하다. 또 한 가지는 고기를 요리하기 전에 먼저 식초로 씻어서 1시간 가량 놓아 두었다가 사용하면 훨씬 연해진다. 또 도마 위에다 헝겊을 깔고, 그 위에 고기를 올려 놓고 빈 음료수병으로 한참 두들겨 준다.

그러면 고기의 힘줄이 파괴되기 때문에 살이 한결 부드러워진다. 특히 고기를 구울 때는 병으로 두들기는 방법이 좋다.

▧ 쇠고기를 사는 요령

쇠고기를 살 때는 꼭 고기의 색깔을 주의깊게 보아야 한다.

만일 고기의 색깔이 검붉게 짙은 것은 거죽 부분에 있는 살로써 단단하고 질긴 것이며, 색이 붉으스레 엷은 것은 살은 부드러우나 맛은 그렇게 좋지가 않다. 고기의 색깔이 너무 엷으면 이것은 흠이 있는 소나, 어린 소의 고기로써 맛이 훨씬 뒤떨어진다. 가장 맛있는 고기의 색깔은 짙지도 엷지도 않은 중간 색으로써

선명한 붉은 색을 띄고 있는 것이다.

�֎ 돼지고기 냄새를 내지 않는 요리법

돼지고기의 냄새를 빼고 산뜻한 요리를 하려면 생강을 썰어 넣고 함께 끓이면 된다.

생강이 없을 때에는 소주나 청주를 대용할 수도 있다. 또 돼지고기를 불에 구울 때는 종이를 한번 깔고 구우면 기름이 먼저 타버리지 않고 골고루 익게 된다. 그리고 또 돼지고기 편육을 만들 때는 삶아서 건지는 즉시 찬 냉수를 부어 식히면 누린내도 가시고 고기가 부서질 염려도 없어 아주 좋다.

✖ 고기의 보관법

돼지고기나 쇠고기를 사왔으나 분량이 남을 때 여름철에는 냉장고가 없으면 보관하기가 곤란하다. 이럴 때는 고기에다가 소금을 치고 여기에 콩기름이나 샐러드 기름을 발라 엷은 헝겊을 씌워 통풍이 잘 되는 곳에 놓아두면 10여일간은 보관할 수 있으며 냉장고에 보관하는 것보다 더 좋다.

✖ 많은 김을 한 번에 쉽게 굽는 법

먼저 기름에 소금을 섞어 고루고루 김에 바른 다음에 도시락 같은 그릇에 적당한 크기로 썬 김을 차곡차곡 쌓는다. 그런 다음 은은한 불에 김을 담은 도시락을 올려놓고 2~3분쯤 지난 후에 뚜껑을 열어 보면 조금도 쭈그러지지 않은 김이 곱게 구어진다.

손으로 뒤집어서 하나하나 굽는 수고도 덜어지고 모양도 좋게 구어져서 퍽 좋다.

▧ 계란 반숙을 맛있게 하는 법

계란을 반숙으로 할 때는 끓는 물에다 소금을 집어넣고 거기에 계란을 깨서 넣으면 흰자위가 풀리지 않고 노른자위를 둘러싼 채 반숙이 되어서 먹기에도 좋고 편리하다.

▧ 삶은 계란을 따뜻한 그대로 껍질을 벗기는 방법

계란을 삶아서 식기 전에 먹으려면 껍질이 잘 벗겨지지 않아 애를 먹는다. 이럴 때는 삶은 계란을 소금 속에 잠깐 넣어 두었다가 꺼내서 벗기면 잘 벗겨진다.

▧ 계란 고르는 방법

계란을 살 때 겉모양이 좋고 껍질이 매끈매끈한 것을 고르는 경우가 많이 있다. 그러나 그것은 잘못된 선택 방법이다. 계란은 겉에 석회질의 아주 작은 알맹이가 붙어 있어서 꺼칠꺼칠한 것이 더욱 신선한 것이다.

▧ 계란 프라이를 잘 만드는 방법

프라이팬 위의 기름이 뜨거워지면 계란을 깨 넣고

곧 불을 낮춘다. 그런 다음 티 스푼으로 3숟갈 정도 물을 떠넣고 잠깐 뚜껑을 닫아 둔다.

이렇게 해서 만든 계란 프라이는 기름기가 돌지 않아서 좋다.

◈ 조개와 계란을 오래 보관하는 방법

조개나 굴을 쓰고 남은 것이 생기면 젖은 보자기에 싸서 그늘진 흙바닥에다 두고 며칠에 한 번씩 보자기만 적셔 주면 1주일까지는 그대로 살아 있다. 그리고 계란은 모로 세워서 보관하는 것이 오래 가지만 하루에 한 번씩 이것을 뒤집어 주면 더욱 오래 간다.

◈ 닭고기와 새우를 살 때 고르는 방법

닭고기는 엷은 분홍빛이 나고 윤기가 흐르는 것이 살이 연하고, 검붉은 빛이 나는 것은 살이 질기다. 그리고 백숙을 하거나 굽는 것은 2년짜리가 가장 맛이 좋다. 1년짜리는 연하기는 하지만 맛은 별로 없다. 새우는 껍질에 윤기가 있고 들어보면 탄력이 있어서 수염이나 다리가 틀어지지 않는 것을 골라야 한다.

◈ 계란 껍질 이용법

주부들이 매일 사용하는 계란 껍질을 버리지 말고 모아두면 여러 가지로 이용된다.

① 흰 빨래를 삶을 때 밑에 계란 껍질을 가제에 싸

서 깔고 빨래를 삶으면 놀랍도록 빨래가 희어진다.

② 가정에는 보통 화분이 있을 것이다. 거름을 자주 주기도 힘드는데 이 계란 껍질을 화분 위에 몇 개씩 얹어 놓으면 좋은 거름이 된다.

③ 병을 씻을 때 부서뜨려 가루비누와 섞어서 흔들어 씻어보면 깨끗이 잘 씻어진다.

④ 김치를 담글 때 계란 껍질을 밑에 깔면 빨리 시어지던 김치를 좀 오래 먹을 수 있다.

❈ 생선을 곱게 잘 구우려면

생선을 잘 구우려면 불이 충분히 핀 다음에 석쇠를 올려놓고 석쇠가 뜨겁게 단 후 생선을 올려놓는 것이 한 비결이다.

그리고 생선을 올려놓기 전에 석쇠에다 식초를 조금 발라두는 것도 생선을 석쇠에 붙지 않게 하는 한 방법이다.

❈ 생선 비린내 없애는 방법

생선을 조릴 때는 먼저 간장으로 4~5분 가량 졸인 다음 생강을 썰어서 넣으면 전혀 비린맛이 나지 않는다. 그리고 생선 프라이를 할 때에는 생선을 레몬 주스나 식초를 조금 푼 물에다 약 20분 가량 담갔다 꺼내어 튀기면 비린내가 전혀 나지 않는다.

▧ 소금에 절인 생선을 맛있게 굽는 법

생선을 졸이는 경우라면 소금물에 담가서 간을 좀 빼버리면 되지만 구우려면 그렇게 해서는 맛이 줄어든다. 이럴 때는 저린 생선에 술을 조금 부어서 5분 가량 지난 다음에 구우면 짠기가 덜 해서 맛이 좋게 된다. 생선을 졸일 때도 정종이나 맥주를 조금 넣으면 맛이 더욱 훌륭해진다.

▧ 생선 비늘을 깨끗이 벗기는 법

칼로 비늘을 벗기면 살점에 칼이 들어가서 잘 벗겨지지가 않고 또 모양도 좋지 않다. 칼 대신에 스푼을 써서 밀어 당기기만 하면 힘들이지 않고 비늘이 깨끗이 벗겨진다.

▧ 싱싱한 생선을 고르는 방법

생선은 눈보다는 아가미를 보고 고르는 것이 현명한 방법이다.

한물 간 생선이라도 눈과 비늘은 싱싱한 것처럼 보이는 경우가 많이 있다. 그러나 생선이 싱싱할 때는 아가미가 깨끗한 피와 같은 붉은 색을 띠게 되나 시간이 지날수록 갈색에 가까운 색으로 변하고 나중에는 검은 빛을 띠게 되며 아가미에서 비린내가 물씬하게 풍긴다.

⊠ 민물고기의 비린내를 없애는 법

식초를 탄 물에 물고기를 넣어 얼마쯤 있게 해 두면 물고기는 초를 먹고 자기 몸에 있는 비린 것을 모두 토해 버리며, 또 피부의 비린 지방분이 중화되어 비린 내가 나지 않는다.

⊠ 생선의 비린내를 없애는 법

바닷물 짜기 정도의 소금물을 만들어 15분 가량만 담가 두면 비린내가 싹 가신다.

생선 프라이를 할 때도 재료를 튀길 정도의 크기로 잘라서 우유에 한 30분 가량 담가 두었다가 꺼내 튀기면 전혀 비린내가 나지 않는다.

⊠ 잔뼈 많은 민물고기와 생선 요리법

식초를 조금 넣고 요리를 해본다. 초는 칼슘을 분해하는 작용이 있어, 잔뼈는 그대로 먹을 수 있을 정도로 부드럽게 된다.

⊠ 문어나 오징어를 맛있게 요리하는 법

문어나 오징어를 색깔이 좋게 데치려면 끓는 물에다 얇게 썬 무를 넣고 얼마 동안 끓인 다음 그 물에다 문어를 넣고 데친다.

싱싱하고 구미를 돋구는 색깔이 될 뿐만 아니라, 실제 맛도 그렇게 하지 않는 경우보다 훨씬 좋아진다.

▧ 통조림을 살 때 고르는 방법

깡통의 표면이 녹슬었거나 찌그러진 것은 우선 볼품이 없어서라도 사지 않겠지만, 자칫 무관심하기 쉬운 것은 깡통이 부풀어 오른 것이다. 이런 것은 속에 공기가 들어가 상한 증거가 되는 것이니까 고르려면 윗뚜껑과 아래쪽이 약간 들어간 것이 좋은 것이다.

▧ 고구마 술 담그기

고구마를 무르게 삶아서 절구에 짓찧은 후 밤과 함께 누룩을 혼합하여 담근다.

▧ 감자나 고구마를 찔 때 다 익었는지 덜 익었는지를 알아내는 법

젓가락으로 찔러 보아도 아는 방법이 있긴 하지만, 이것으로는 완전하지 않을 때가 많다. 그것보다는 뚜껑을 열고 성냥을 켜서 찌는 식품 가까이에 가져가 본다. 그래서 만일 성냥불이 꺼지면 아직 덜 익은 것이고, 불이 꺼지지 않고 끝까지 타면 이제 다 익은 것이다.

감자를 삶을 때는 소금물에 삶아도 좋으나 쌀뜨물에 삶으면 아린 맛이 없어져서 더욱 좋다.

▧ 봄감자 깎는 방법

봄에 나온 감자는 몸에 독이 된다는 얘기가 있다.

309

이것은 감자 속에 들어 있는 소라닌이라는 유독성 물질이 봄에는 보통 때보다 10배 가량이나 더 많아지기 때문이다. 그런데 이 유독 성분은 주로 감자의 눈과 껍질 부분에 많이 들어 있는 것이니까, 봄감자는 껍질을 두껍게 깎아 버리고 요리를 해야 한다. 그리고 감자를 햇볕에 쬐면 독성이 더 많아지니까 반드시 그늘에다 두도록 해야 한다.

감자나 고구마를 썩지 않게 저장하는 법
잘 마른 고운 모래에 묻어 두면 된다.

소금 저장하는 방법
소금 가마니나 그릇 밑에다 재나 숯을 깔아서 방지하고 있으나 햇볕을 이용하는 방법도 좋을 것이다. 소금을 저장하기 전에 사온 소금을 햇볕에 잘 말린 후에 저장하면 건조하게 보관할 수 있다.

간장에 곰팡이를 안 피게 하는 방법
간장이나 된장에 곰팡이가 피면 당장 몸에 해로운 것은 아니지만 맛이 떨어지게 된다.
특히 왜간장은 먹는 동안에 곰팡이가 잘 피는데, 이럴 때는 마늘을 넣어 두면 곰팡이가 피지 않는다.

❈ 간장맛 안 변하게 하는 방법

장을 담그면 된장을 갈라낸 뒤에 간장을 끓여야 할 때쯤 되면 간장 10동이에다 엿 1근 반 정도를 밤톨만하게 깨뜨려 넣으면 간장맛이 안 변하고 맛이 대단히 좋다.

❈ 김을 오래 보관하는 방법

김을 눅어지지 않게 보관하려면 뚜껑이 꼭 맞는 양철통에 넣어 두는 것이 좋다.

그러나 통 안에 공간이 생기면 김이 눅눅해지기 쉬우므로 김으로 통 안을 채울 수 없을 때는 깨끗한 종이로 공간을 메워 두는 것이 효과적이다. 그리고 김을 꺼내 먹을 때는 한 묶음씩 꺼내고 꺼낸 빈 자리는 다시 종이로 채워 놓도록 한다. 처음에 김을 넣을 때 비닐 봉지에 일단 싸서 넣어 두면 더욱 안전하다.

❈ 무 · 당근 등을 보관하는 방법

흙이 묻어 있는 그대로 통풍이 잘 되는 곳에 세워두면 상하지 않고 오래 간다. 그리고 만일 깨끗이 씻어 놓은 것을 구입해서 모두 다 쓰지 못하고 일부를 남겨야 할 때는 신문지로 싸서 통풍이 잘 되는 곳에 세워 보관하면 역시 오래 갈 수가 있다.

※ 배추를 오래 보관하는 법

배추를 오래 보관하려면 신문지로 싸두면 된다는 것은 잘 알고 있는 일이다. 그러나 주의할 점은 포장한 신문지가 습해지면 딴 신문지로 곧 갈아 주어야 한다. 신문지를 습한 그대로 두면 배추는 곧 썩어 버리게 된다. 그리고 시금치와 같은 잎으로 된 채소를 물기가 없어지지 않게 보관하려면 물로 씻은 다음 비닐 봉지로 싸서 냉장고 속에 넣어 두면 신선한 그대로 오래 보관할 수 있다.

※ 생강을 보관하는 방법

생강을 오래 보관하려면 모래 속에 묻어 두는 것이 오래 간다.

그러나 모래를 구하기가 힘든 아파트 생활에서는 생강을 비닐 봉지에 넣어서 냉장고에 넣어 두면 오래 보관할 수가 있다. 다만 이때 비닐 봉지에 구멍을 한두 군데 뚫어 두어야 한다.

※ 호박과 가지를 잘 사는 법

시장에서 호박을 살 때는 크기에 비해 무게가 무거울수록 좋고, 물에 담가서 물 속에 쑥 들어갈 정도로 무게가 나가는 것이라야 단단하고 맛도 좋으며, 가지는 가벼우면 가벼울수록 부드럽고 맛이 좋은 것이다. 그리고 또 호박은 손톱으로 껍질을 눌러도 잘 들어가

지 않는 것을 고르고 가지는 꼭지에 가시가 적은 것을
고르는 것도 좋은 한 가지 방법이 된다.

✖ 속이 빈 무를 알아내는 법

우선 무 잎줄기를 하나 따서 잘라 보아 거기에 바람
이 들었으면 뿌리는 보나마다 바람이 든 것으로 판정
할 수가 있는 것이다.

그리고 무는 아무쪼록 잔뿌리가 없고, 말쑥하게 빠
져서 무게가 묵직한 것이 좋은 것이다.

✖ 김장이 시지 않게 하는 법

겨울 김치를 봄까지 맛이 변치 않게 하려면 김장을
담글 때 밤이나 도토리 잎을 독 밑에 10센치 정도로
깔고 김장을 담는다. 이렇게 하면 봄이 되어도 시어지
지 않는다. 그 이유는 밤이나 도토리 잎은 알칼리성이
기 때문에 시어지는 산성과 합하여 중성이 되기 때문
이다.

✖ 밤을 오래 저장하려면

밤을 오래 저장해 두었다가 가정에서 필요할 때에
쓰려면 큰 밤알 한 개가 들어갈 정도로 구멍을 뚫고
다음 잘 마른 모래를 2~3cm쯤 깔고는 밤을 한데 넣
은 다음 다시 모래를 첫 번만큼의 두께로 넣어 깔리게
한다. 이런 식으로 밤과 모래를 교대로 넣고 맨 위에

는 모래가 올라오게 한다. 끝으로 뚫린 구멍을 꼭 막아서 광이나 마루바닥, 습기 없는 곳에 두었다가 다음 해 여름에 꺼내도 광택이 나고 싱싱한 맛이 햇밤이나 다름없다.

튀김 기름이 튀지 않게 하는 법

기름에다 소금을 조금 넣어 두면 기름이 훨씬 덜 튀긴다. 그리고 생선을 만질 때는 손을 먼저 물에 적신 다음 만지면 손에 생선 비린내가 덜 스며든다.

풀어지지 않는 만두국을 만드는 방법

만두국을 끓이다 보면 다 되기도 전에 만두가 풀어져 볼품이 없게 되는 수가 많다.

이런 때에는 밀가루 5인분에 참기름 1찻숟갈과 달걀 2개의 비율로 밀가루와 섞어서 반죽을 하면 끈기가 있어 만두를 빚기도 좋고 끓일 때 풀어지지도 않아 깨끗이 상 위에 올릴 수 있다.

맥주병 마개 따는 방법

맥주병 마개를 따다가 뜻밖에 많이 솟구쳐 나오는 거품 때문에 당황해 본 경험은 흔히 있을 것이다. 잘 냉각되어 흔들지 않고 가만히 둔 것이면 거품이 그렇게 나지는 않지만 들놀이에 가지고 나간 음료나 가게에서 금방 사 들고 온 음료의 병마개를 따면 십중 팔구 거품으로 나가 버리는 양이 아마도 5분의 2가량은 될 것이다.

병을 45도 각도로 눕혀서 마개를 따면 거품이 그렇게 치솟지 않을 것이다.

※ 곰팡이를 제거하는 방법

부엌에 둔 세간과 찬장 속은 항상 청결히 해 두어도 습기 때문에 곰팡이가 잘 끼는 곳이다.

그러나 곰팡이는 물이나 비누로 닦아도 잘 제거되지 않는데, 이럴 때는 마른 행주에 식초를 찍어서 닦으면 곰팡이는 산에 약하기 때문에 깨끗이 없어진다.

※ 떡에 곰팡이가 안 생기게 하는 비결

통에 술을 조금 뿌린 후 떡 담은 그릇을 넣고 비닐 봉투로 공기가 통하지 않게 잘 막으면 곰팡이가 안 생긴다.

※ 항아리나 장독에 작은 구멍을 막는 방법

피마자 열매의 껍질을 벗기고 그 알맹이를 구어 구멍난 곳에 문질러 말려 두면 물이 새지 않는다.

그리고 눈으로 보아서는 어디가 새는지 알 수가 없는데 물만 부으면 물방울이 뚝뚝 떨어지는 질그릇에는 쌀뜨물을 붓고 이틀밤쯤을 그대로 놓아 둔다. 쌀뜨물 속에 들어 있는 가루가 깨진 부분을 막아버리기 때문에 물이 새지 않게 된다.

🔯 소금에 절인 식품의 소금기를 없애는 법

소금에 절인 생선이나 식품이 너무 짜서, 그 소금기를 빼어 버리고 싶을 때는 대개는 맹물에서 절인 것을 한참 동안 담가 두는 경우가 있으나 맹물에다 담가 두기보다는 소금을 조금 탄 소금물에 담가 놓는 편이 훨씬 잘 빠진다. 이것은 식품 속의 염분과 소금물의 염분간에 서로 같은 농도가 되려는 운동이 일어나기 때문에 그렇게 되는 것이다.

🔯 양파의 냄새를 없애는 방법

식초로 손을 씻으면 냄새가 깨끗하게 없어진다. 독특한 파 냄새는 지방산의 일종으로 산에 쉽게 분해되는 것이다. 또 우엉뿌리 요리를 하면 손에 검은 물이 드는데, 비누로 씻어도 잘 지지가 않는다. 이럴 때도 식초를 손에 묻혀 닦아내면 깨끗해진다.

🔯 식초 만드는 방법

1되들이 병에 술을 담고(되도록 신술이 좋다) 찰떡 2개쯤을 넣어서 부뚜막이나 더운 곳에 두면 식초가 된다.

316

✖ 좋은 우유를 가리는 방법

우유가 좋고 나쁜 것을 쉽게 알려면 우유를 물에다 떨어뜨려 보아 그대로 가라앉으면 좋은 것이고 물에 퍼져서 물 전체가 뿌옇게 흐려지면 상한 것이다.

✖ 음료수가 제맛이 나는 온도

제맛을 내는 가장 적당한 온도라면 우선 냉수는 10도에서 12도, 사이다나 콜라와 같은 거품을 내는 음료는 5도 전후일 때가 가장 맛이 좋다. 그러나 맥주는 8도 아래로 내려가면 맥주 맛이 떨어진다. 그리고 얼음을 타서 먹는 주스류도 5도에서 6도가 가장 적당하다.

✖ 양파를 벗길 때 눈물이 안 나게 하는 방법

양파 속에 들어 있는 자극성 가스가 발산되기 때문에, 양파를 물 속에 담가서 껍질을 벗기면 눈물을 흘리지 않고도 껍질을 벗길 수가 있다.

✖ 플라스틱 그릇 냄새를 없애는 방법

원래 플라스틱 그릇은 이것저것 담다 보면 냄새가 나는데, 생선이나 양념 따위를 담았던 그릇에서는 특히 냄새가 많이 난다. 이런 냄새를 없애려면 풀을 뜯어다가 그릇 속에 하루쯤 넣어 둔다. 신기하리만큼 냄새가 말끔히 가셔 버린다.

❇ 석쇠를 보관하는 방법

생선구이 석쇠를 사용한 다음 깨끗하게 손질을 해 두어도 생선 기름과 찌꺼기가 끼어 있기 마련이다.

며칠에 한 번씩 부엌용 중성세제를 탄 물에 찌꺼기를 불린 다음 부드러운 솔이나 못쓰는 칫솔 따위로 닦아내는 것이 좋다.

칼 끝이나 그밖에 쇠붙이를 쓰면 석쇠에 상처를 입혀 쉽게 망가지게 된다. 세제로 닦은 다음에는 반드시 불 위에 얹어 물기를 말려 두어야 녹이 슬지 않는다.

❇ 기름 묻은 그릇 닦는 방법

기름기가 묻은 그릇은 아무리 잘 닦아도 잘 되지 않는다. 그때 행주에다 소금을 찍어서 닦으면 신기하게도 기름기가 깨끗이 없어진다.

❇ 접시를 상하지 않게 하는 방법

접시를 겹쳐 놓을 때는 접시 사이에 얇고 부드러운 종이나 냅킨을 한 장씩 끼워 놓는다. 접시가 부딪쳐서 듣기 싫은 소리가 나는 것도 없고 접시에 흠도 생기지 않아 좋다. 그리고 접시나 컵에 조그마한 흠이 생겼을 때는 고운 샌드 페이퍼로 잘 문지르면 눈에 띄지 않게 된다.

☒ 불에 달아진 그릇 닦기

냄비나 양재기에 음식이 낀 후에 그릇을 씻으려면 밑바닥에 음식물이 엉겨붙어 수세미로 아무리 닦아도 잘 떨어지지 않는다. 달걀을 깨뜨리고 남은 껍질을 버리지 말고 두었다가 그 껍질을 잘게 부수어 그릇의 밑바닥을 닦으면 손쉽게 잘 닦아진다.

☒ 물통 속의 고약한 냄새를 없애는 방법

가루 비누로 통 안을 두어 번 씻어 낸 다음 가정용 표백제를 물에 타서 통 속에다 가득 채워 몇 시간 그대로 놓아 둔다. 그런 다음 맑은 물로 우려내면 냄새는 깨끗이 없어지는데, 표백제를 넣어서 하룻밤쯤 지나면 더욱 효과가 좋다.

☒ 새 질그릇의 냄새를 없애는 방법

새 질그릇은 쓰기 전에 냄새가 빠질 때까지 물을 붓고 끓이거나 야채 부스러기를 넣어 끓이면 냄새가 없어진다. 그리고 처음에는 되도록이면 찌개와 같은 맛이 진한 음식을 끓이는 것이 좋다. 한편 질그릇에 검뎅이가 묻었을 때는 뜨거운 물 속에 넣고 주걱으로 문지르면 잘 떨어진다.

☒ 포개진 컵이 잘 빠지지 않을 때 빼는 방법

컵과 컵을 포개서 두었다가 쓰려고 꺼내니 컵 2개가

꼭 붙어서 떨어지지 않을 때가 있다.

이럴 때 우선 한 가지 방법은, 윗쪽에 있는 컵에다 찬물을 담고 아래쪽 컵은 더운 물에 살짝 잠기도록 하면 한쪽 컵은 차거워서 약간 오므라들고, 다른 쪽은 더워서 늘어나기 때문에 두 컵은 쉽게 분리될 것이다.

또 그 컵들을 냉장고 속에 넣어 두었다가 한참 후에 꺼내면 쉽게 빠진다.

✖ 잘 빠지는 식칼 자루를 빠지지 않게 하는 방법
얇다한 헝겊을 소금물에 적셔서 끼어 두면 염분으로 손잡이에 들어간 부분이 녹이 슬어 잘 빠지지 않는다. 이 때 가장자리에 나온 헝겊은 깨끗이 잘라 버려야 한다. 이와 같은 이유로 못을 빠지지 않게 튼튼하게 박으려고 할 때도 박히는 길이만큼 소금물을 발라 두면 속에서 녹이 슬어 빠지지 않는다.

✖ 식칼이 잘 들지 않을 때 잘 들게 하는 방법
우리는 흔히 식칼을 장독 위에다 대고 미는 경우가 많으나 이보다 유리 접시의 바닥에다 대고 가는 것이 훨씬 효과적이다.

✖ 주부와 식칼의 청결법
부엌에서 쓰는 식칼은 흔히 「주부의 마음을 나타내는 거울과 같은 것」이라고 한다.

식칼은 저녁 설거지를 할 때는 꼭 스폰지 같은 것으로 깨끗이 닦아 두도록 한다. 그런데 생선을 썰었을 때는 반드시 흐르는 수도물 아래로 칼을 놓아 두고 저절로 비린내가 씻겨 나도록 하는 것이 비결이다.

절대로 문질러 씻는다든가 더운 물로 씻어서는 안 된다.

⊠ 금속 기구에 묻은 음식때를 지우는 방법

헝겊에다 치약을 묻혀서 닦으면 깨끗해지니까 더러워진 것을 그대로 쓰지 말고 꼭 닦아서 사용하도록 한다. 그리고 강판 같은 것도 쓰고 난 다음 잘 닦아 두지 않으면 내용물이 틈바구니에 끼어 지저분해지는데, 이것은 알코올로 닦아내면 깨끗해진다.

⊠ 프라이팬 길들이는 방법

약한 불에 프라이팬을 데운 다음, 버려도 별 아깝지 않을 기름을 부어 넣고 그대로 20~30분 동안 끓인다. 그런 다음 기름을 바르고 천 조각으로 팬 바닥을 잘 문질러 닦는다.

⊠ 고추씨로 만드는 양념

뜨겁게 달구어진 냄비에 기름을 두 숟갈 정도 친 다음 고추씨를 넣어 볶아내고 그것을 깨소금처럼 절구에 빻으면 가루가 되는데 이것을 국 같은데 넣어 먹으면 맛이 구수하다.

▧ 고추 빛깔을 내는 방법
김치를 담글 경우 식성에 따라 매운 것이 좋을 때는 고추가루를 많이 넣는 수도 있지만, 빛깔을 위해서라면 김치를 담기 하루 전에 고추가루를 따뜻한 물에 개어서 하루쯤 불려 두었다가 사용하면 빛깔이 매우 붉어지고 또 경제적이다.

▧ 언 식품을 녹이는 방법
식품을 얼려서 파는 냉동식품을 구입했거나 냉장고 안에 두었던 식품을 요리에 사용하고자 할 때는 식품의 종류에 따라 녹이는 방법이 다르다.
즉, 육류는 냉장고 안에서 저절로 녹게 하는 것이 좋고, 생선과 조개류는 물에 담가서 녹도록 한다. 그리고 야채류는 녹이지 말고 바로 데치거나 열탕 속에 넣어 요리를 하는 것이 제맛을 잃지 않게 하는 방법이다.

▧ 냉장고가 필요하지 않은 식품은
흔히 냉장고 속에 깡통 식품을 넣어 두는 예를 보는데, 깡통은 그 자체로서 장기 보존이 되기 때문에 냉장고 속에 넣어 두는 것은 아무 의미가 없다. 그리고 감자·고구마 따위를 넣어두면 맛이 떨어지고 우엉은

신맛이 들게 되며, 무는 투명하게 변하며 또 바나나는
껍질이 검게 변색되니까 이런 식품들은 냉장고 속에
넣어 두지 않는 것이 좋다.

판권본사소유

동·서양 요리를 겸한

한국요리백과

2000년 8월 10일 인쇄
2000년 8월 20일 발행

편　자 : 임 상 호
발행자 : 김 종 진
발행처 : 은 광 사

주소 : 서울시 중랑구 망우동 503-11
등록번호 : 제 18-71호
등록날짜 : 1997. 1. 8
전화 : 763-1258 / 764-1258

정가　20,000원